你的财富从哪里来

NI DE CAIFU
CONG NALI LAI

亦　红／编著

北京工业大学出版社

图书在版编目（CIP）数据

你的财富从哪里来 / 亦红编著 . —北京 : 北京工业大学出版社，2012.6

ISBN 978-7-5639-3127-9

Ⅰ . ①你… Ⅱ . ①亦… Ⅲ . ①成功心理 – 通俗读物
Ⅳ . ① B848.4-49

中国版本图书馆 CIP 数据核字（2012）第 097125 号

你的财富从哪里来

编　　著：亦　红
责任编辑：孙　澍
封面设计：尚世视觉
出版发行：北京工业大学出版社
（北京市朝阳区平乐园 100 号 100124）
010-67391722（传真） bgdcbs@sina.com
出 版 人：郝　勇
经销单位：全国各地新华书店
承印单位：三河市元兴印务有限公司
开　　本：787 mm × 1092 mm　1/16
印　　张：17
字　　数：259 千字
版　　次：2012 年 6 月第 1 版
印　　次：2021 年 1 月第 2 次印刷
标准书号：ISBN 978-7-5639-3127-9
定　　价：32.00 元

前　　言

毋庸置疑，追求财富是每个人的权利，也是普通大众孜孜以求的人生重大目标之一。可是，财富并不会均匀地播撒人间。

那么，你想过吗？

为什么别人是百万富翁的时候，你还是不名一文？为什么有的人一辈子都在为钱奔波，而有的人却钱多得花不完？为什么有的人可以出有车、食有鱼，而有的人却只能衣衫褴褛、寡居陋巷？为什么有的人潇洒地制订着游戏规则，并享受着由此带来的财富，而有的人却只能被动接受贫穷，总是在后面艰难地追赶？为什么有钱的人似乎越来越有钱，而没钱的人却依旧生活困苦？

……

如何才能消除这样的差距，又该从哪里学习发财致富的真学问？

请翻阅本书吧！本书将通过大量真实生动的事例来训练和培养你，指导你如何打造自己的财富人生。

创富之路没有止境，如果你想潇洒上路，请从本书起程。

希望本书能帮助你找到穷的原因，发现富的机遇，从而成就自己的财富梦想和幸福生活。

目　　录

第一章　财富源于积极的心态

富人具有良好的心态

心态的好坏是决定财富多寡的关键，积极的心态让人奋发向上，赢得财富；而消极的心态让人意志消沉，沉溺于现状，最终还是穷困潦倒。

仔细观察一下周围的失败者与成功者的心态，尤其是在关键时刻，你就会知道，是“心态”导致了人生的不同。

改变贫穷的命运，赢取财富，主要取决于自己致富的观念和积极的心态。一个心态积极但能力平平的人所取得的成就，往往比一个具有卓越才能但心态消极的人所取得的成就要大得多。

华特·法兰克是加拿大成功的房地产经纪人。他 27 岁之前在牧场工作，在 27 岁的一天，他早晨醒来，忽然发现自己得了小儿麻痹症，从此下肢瘫痪，必须依靠轮椅行走。

由于法兰克的个性冲动外向，这种打击几乎使他丧失信心，由于行走不方便，他已经没法再当体力劳动者了。但是一个念头为他带来了转机——他正确估计自己的能力，倘若先前的工作今后不能胜任，是否可以尝试其他的门路呢？他不放弃自己的努力，相信天无绝人之路。

知心朋友劝法兰克改行经商，他坦然接受了。在进入房地产界之时，他在心理上做好了打一场硬仗的准备。

刚出道，法兰克碰到了不懂行的困难，他凭着试一试的毅力和勇气，不放过一切与顾客交流的机会，他细心观察顾客的反应，努力积累经验。

为了早日实现自己的财富梦想，他坐着轮椅逐户上门进行拜访，并悉心记录他们的资产。第二年，他成为渥太华名列第一的推销员，三年后他拥有了自己的公司，并扩大规模成为加拿大的不动产公司。

这只是一个小人物的奋斗故事，他的成功在于拥有积极的心态和顽强的意志。在困难面前，他选择的是为获得成功而努力拼搏，而不是怨天尤人，为自己的不幸找台阶。

段先生在硅谷的创业同样充满着艰辛和挫折，但是他凭借积极的心态，经过屡败屡战的磨炼，最终取得了很大的成功。

起初，段先生到硅谷创业的时候，身无分文，无依无靠，只好每天开着一辆二手箱型车，到中国城兜售旧货。他跑累了，就在车上休息。这样做了一年，他练就了一手推销的好本领。

1991年，他利用做小本生意赚到的钱创办了一家电脑公司，从事主机板及笔记本电脑的生意。然而，电脑巨人康柏公司一次突然性的大降价，使得他措手不及，公司赔了本。

但是失败并没有消磨段先生的斗志，过了几天，他又开始第二次创业。当时半导体产业的前景很好，他便开始做提高视窗效率的加速芯片。过了半年，他最终研究出了硬件，可是软件跟不上进度，结果公司只好关门大吉。

就在这时候，有人请他重整一家局域网软件公司。就在这家公司要整装完毕之时，谁知市场发生了变化，产品过时了。就在他正想大干一场的时候，公司倒闭了。然而接二连三的失败并没使他气馁，他仍对自己的事业信心十足。

后来，他敏锐地捕捉到了互联网热的信息，他坚信自己的感觉，可是手头缺钱，什么也办不成。他只好到处筹措钱财，结果处处碰壁，甚至有一些朋友怕他借款而不愿意与他来往。

有一天，他鼓足了勇气来到硅谷的一家金融大楼，不仅吃了个闭门羹，还被门卫撵了出去。经过一番折腾，他终于找到了乐意投资的人。1996年2月，他创办了网上网公司。公司适时推出能够提供网络服务业者所需要的宽频网络，这种宽频网可将骨干网与他的网上网接起来，从而让网上网成为网络服务业者的交换中心。

当时，仅美国就有二百多家网络服务商与网上网连接，而亚洲也有许多业者将网络连接到网上网的交换中心。1998年12月，段先生的公司在纳斯达克上市。半年后，股价升到150多美元，市值达到2亿美元，网上网公司逐渐成为全球最大的网络宽频中心。1999年，网上网公司被另一家专门铺设光纤网络的公司兼并。按照当天的股票面值计算，收购费用达15亿美元。事实证明，段先生不畏艰难、辛勤创业，取得了很大的成功。

为什么有些人能够主宰财富？赢得财富的首要条件是有积极的心态。心态不同，所看到的景色也会不同。面对世界，面对一切可能出现的险阻和困难，成功的创富者始终用积极的思考、充实的精神和乐观的态度来支配、控制自己的人生，不断地克服困难，从而走向成功，获得财富。

从心理上成为一名富人

在日常生活中，经常会看到这样一些人：他们或许从外表上看去像富人，但却是一副穷人做派。实际上他们根本不能算富人，只是一些比较有钱的“穷人”罢了。

“心有多大，舞台就有多大。”要想成为一名富人，首先必须从心理上成为一名富人。只有从心理上成为一名富人，才能摆脱心理的贫穷。

井底里有一只刚出生不久的小青蛙，对生活充满了好奇。

小青蛙问："妈妈，我们头顶上蓝蓝的、白白的，是什么东西？"

妈妈回答说："是天空，是白云，孩子。"

小青蛙说："白云大吗？天空高吗？"

妈妈说："前辈们都说云有井口那么大，天比井口要高很多。"

小青蛙说："妈妈，我想出去看看，到底它们有多大多高？"

妈妈说："孩子，你千万不能有这种念头。"

小青蛙说："为什么？"

妈妈说："前辈们都说跳不出去的。就凭我们这点本事，世世代代都只能在井里待着。"

小青蛙有些不甘心地说："可是前辈们没有试过吗？"

妈妈说："别说傻话了。前辈们那么有经验，而且，一代又一代，怎么可能会有错？"

小青蛙低着头说："知道了。"

自此以后，小青蛙不再有跳出井口的想法。

小青蛙的悲剧就在于它"不再有跳出井口的想法"了。只有心中存有广阔的蓝天，才能跳出贫穷的井，成为一名富人，如果连跳出井口的愿望都没有了，那么，此后就只能坐在井底了。

洛克菲勒小的时候，全家过着不安定的日子，一次又一次地被迫搬迁，历尽艰辛横跨纽约州的南部。可他们却有一种步步上升的良好感觉，镇子一个比一个大、一个比一个繁华，也一个比一个更给人以希望。

1854年，15岁的洛克菲勒来到克利夫兰的中心中学读书，这是克利夫兰最好的一所中学。据他的同学后来回忆说："他是个用功的学生，严肃认真、沉默寡言，从来不大声说话，也不喜欢打打闹闹。"

不管有多孤僻，洛克菲勒一直有他自己的朋友圈子。他有个好朋友，名叫马克·汉纳，后来成为铁路、矿业和银行三方面的大实业家，当上美国参议员，并作为竞选总统的后台老板，在政界为洛克菲勒行将解散的美孚石油托拉斯进行斡旋。

洛克菲勒和马克·汉纳，两个后来影响了美国历史的大人物，在全班几十个同学中能结为知己，不能说出于偶然。美国历史学家们承认，他们两人的天赋都与众不同，一定是受了对方的吸引，才走到一起的。

表面木讷的洛克菲勒，其内心的精明远远超过了他的同龄人。汉纳是个饶舌的小家伙，通常是他说个不停，而洛克菲勒则是他忠实的听众。应当承认，汉纳口才不错，关于赚钱的许多想法也和洛克菲勒不谋而合，只是汉纳善于表达，而洛克菲勒习惯沉默罢了。有一次，马克·汉纳问他："约翰，你打算今后挣多少钱？"

"10 万美元。"洛克菲勒不假思索地说。

汉纳吓了一跳，因为他的目标只是 5 万美元，而洛克菲勒的目标整整是他的两倍。

当时的美国，1 万美元已够得上富人的称号，可以买下几座小型工厂和 500 英亩以上的土地。而在克利夫兰，拥有 5 万元资产的富豪屈指可数。约翰·洛克菲勒开口就是 10 万元，瞧他轻描淡写的模样仿佛 10 万美元只是一个小小的开端。

当时同学们都嘲笑这个开口就是 10 万美元的家伙的狂妄，殊不知，不久的将来，洛克菲勒真的做到了，而且不是 10 万，是亿万！

在小小的洛克菲勒的心目中，就将自己的财富定位在很高的位置上了。最终，他也获得了比别人高千万倍的成就。

在现实社会中，不论是穷人或富人，谁都可以开一间十几平方米的小铺子，但只有真正的富人，才能依靠自己的聪明和智慧，把小铺子变成世人皆知的大企业，才能使他的企业影响世界上的每一个人。

作为一个想成为真正的富人的人，不仅仅需要关注富人的口袋，更应该关注他的脑袋，特别是富人在口袋还没有鼓起来时的脑袋，看看他都往自己的脑袋里装了些什么东西。

现在市面上有很多东西充满着令人难以抗拒的诱惑。有的东西看上去很好，有的东西看上去很有用，但是那些东西并不是能使你成为富人的东西。

一定要分清楚有钱人和富人的区别，做一个一时的有钱人很容易，但做一个真正的富人并没有那么简单。有钱人不一定有一个富脑袋，可能只有一个富口袋。要记住，没有富脑袋支配的富口袋，总有一天会变成穷口袋的。

穷人有受穷的原因，富人有发财的理由，这其中没有什么偶然，只有不变的必然。不要把目光全盯在口袋上，而是应该放在自己的脑袋上，一旦自己的脑袋富有了，那么口袋的富有就是时间的问题了，也只有脑袋富有了，才能真正地驾驭财富，而不被财富所伤。

穷人和富人，首先是脑袋的距离，然后才是口袋的距离。

因此，必须弥补脑袋的距离，从心理上成为一名富人，穷人才能够致富。

雅虎的创始人杨致远曾经说过："当时没有人认为雅虎会成功，更没有人认为会赚钱，他们总是说，你们为什么要搞那个东西——实际上，一件事情即使在理论上已经行得通了，它也不一定能成功，而如果你认为很难成功也一定还要做的时候，你差不多就成功了。"是的，如果这是你真正想做的事情，那你就要去做，即使认为很难成功也要去做，这样做并不需要太多的理由，只是因为你愿意。在这个世界上，有一些事情，做或者不做都没有谁会逼你，你没有必要去选择可能性很小的那条路，除非你愿意。比尔·盖茨的成功并非来自于优异的学习成绩，实际上促使他的整个命运发生转折的不过是湖畔中学里一台别人捐献的计算机。从那个时候起，他就开始对此着迷，并和另一个孩子一起开始讲述他们明天的梦想。今天，比尔·盖茨成了世界首富，而另一个孩子的财富也排名第三，那个孩子就是保罗·艾伦。

如果你愿意去改变自己的心理，像富人们一样，那么你也可以富。如果你愿意，你就要义无反顾地去做；如果你愿意，你就不要在乎别人怎么看你。做你愿意做的事情，别人说你我行我素也好，别人说你固执己见也好，管他们怎么说呢?

拥有富人的心理就应该是这样的!

贫穷本身并不可怕，可怕的是贫穷的思想，是认为自己注定贫穷、必须老死于贫穷的信念!

假使你觉得自己的前途无望，觉得周遭的一切都很黑暗惨淡，那么你立刻转过身来，朝向另一方面，朝向那希望与期待的阳光，而将黑暗的阴影遗弃在背后。

克服一切贫穷的思想、疑惧的思想，从你的心扉中，撕下一切不愉快的、黑暗的图画，挂上光明的、愉快的图画。

用坚毅的决心同贫穷抗争，应当在不妨碍、不剥削别人的前提下，去取得你的那一份财富。你是应该得到“富裕”的，那是你的天赋权利！

让富裕思想充盈大脑

想到富裕能使人因此富裕；想到贫穷就会使人因此贫穷。

可以说，迈向富裕的道路就是用富裕的思想铺筑起来的。

有一位年轻的人寿保险推销员跑去找咨询专家，他曾经在第一年中屡创纪录，但是以后却严重衰退。

他的问题到底出在什么地方呢？乍看之下，这个年轻人非常沮丧，而且对未来感到很烦恼。他的支出账单在继续增加之中，但是佣金收入却寥寥无几。

他发现自己陷入困境。他愈需要佣金，愈赚不到；愈想要促成生意，愈无法成交。

他说：“这到底是为什么呢？我甚至乞求别人买保险呢！可见我是多么想争取生意了！”

专家很快就认清了问题关键所在。他要这位年轻人尽量往繁荣兴旺的方向思考，停止往贫穷的方向思考，要使自己深信“即使在财务面临破产的境地，但是我在其他方面仍是非常富裕”。还有“我的能力很强”、“我的野心很大”、“我的机会很多”等。

一年以后，他又跑去找专家。“我要让你看一些东西，”他打开公文包，取出一件东西，并且对他说，“请看看挂在我办公室中的文字是什么。”

他用镜框镶的一些文字是：

我很富裕！

我的能力很强！

我的野心很大！

我的机会很多，而且我的家庭充满情爱。

许多人也想过赚钱，也想过创富，但只是一般地想想，偶尔地想想，这是不行的，没有强烈的创富欲望，没有将创富的欲望塞满你的大脑，就没有巨大的创富动力。

这并不是要向人们灌输拜金主义，而是传达一种创富的理念，那就是要培养强烈的创富欲望。这是创富的基础，是创富的前提。在新约圣经里有一句话："假使你有一颗像芥菜子那么小的信仰，你想叫一座山移开，山就会移开。"所谓"一颗像芥菜子那么小的信仰"，反映的是完全的相信和不变的信仰。一位西方学者指出："你要用这种信仰、不疑惑的态度来求希望，才能得到潜意识无限力量的帮助，而达到奇迹般的效果。"

也许有人会不以为然，会怀疑：想赚钱就能赚钱？想创富就能富？固然，两者没有等号关系，但时刻想着赚钱，你就会发现许多赚钱的门路；时刻想着创富，你就会找到许多创富的途径。在竞争极强的现代社会里，许多创富机会的把握，往往取决于自己的感觉。时刻想着赚钱的人，便能捕捉到稍纵即逝的创富灵感，从而比别人捷足先登。一般来说，时刻想着赚钱、想着创富的人，他们的眼光更为敏锐，他们的决策更为果断，他们的行动更为迅速。这不仅是被反复证明了的事实，而且也是有科学根据的。

与人竞争的心态

人的聪明才智和能力只有在与人竞争中才能发挥出来。而使人们变得更聪明、更能干的最佳途径莫过于参与竞争。

不争不斗，稳吃大锅饭，安睡太平觉的生活像一潭死水，人在这种生活里像老黄牛碾米一样，慢悠悠地转着。虽然也辛劳，也一刻未停止，却步履艰难而迟缓，因而效益甚微，只会使人意志消沉而最终堕落。这样打发一生，是人生莫大的悲哀。

因此，你一定要深深厌恶那种沉闷死寂的生活。

现代人具有现代的意识和生命的冲动，其中突出之处在于欢迎竞争，积极投入竞争。

在竞争中，不应过分注重对财富的拥有，也不应过于计较竞争的结局，而应注重生命运动本身，注重竞争的过程，注重竞争过程中生命的感觉。

现代人的心里无时不在奔涌着参与竞争的欲望，无论什么方式的竞争，无论竞争对象是谁，竞争的具体内容怎样。总之，凡竞争都能强烈地激发生命的冲动，只有在竞争中才能感觉到生命的存在，只有在竞争中才能感到自己活得充实而有意义，只有在竞争中才能真正实现自我。

与人竞争，首先得具备良好的心理状态，要有必胜的信心和勇气。即使失败了也决不沮丧，随时准备在下一轮夺魁。

肯尼迪家族的口号是："不能甘居第二。"这种必胜的竞技心理状态，使得约翰·肯尼迪在1961年竞选美国第35任总统时，击败了实力强大的尼克松。

乔治·大卫·伍兹在一家股票经纪机构当小职员时，便萌发战胜对手、一定要在华尔街这个世界金融中心争到一席地位的坚强信念。他每时每刻保持着良好的竞技心理状态，终于脱颖而出，步步高升，最终担任世界银行行长之职。

要在竞争中战胜众多的竞争对手，必然需要强大的竞争本领和出色的竞争技巧，以公众的信誉、强大的实力、出色的工作业绩和服务质量战胜对手。

同时，不可抛弃社会公德，不可离开法律规范。任何以损害对方利益、搞阴谋诡计、投机钻营式的胜利都不是真正的胜利。那样的胜利往往是暂时的、短命的，经不起长期的反复较量。

冲破穷人的“思想牢笼”

苏联的著名作家别洛夫斯基讲述过一个令人啼笑皆非的“思想牢笼”的故事：

有一位公司职员，老是觉得自己好像生病了，于是他就去图书馆借了本医学手册，看看该怎样治自己的病。他一口气读完了该读的内容，当他读完介绍霍乱的内容时，方才明白，自己患霍乱已经几个月了。他被吓住了，呆痴痴地坐了好几分钟。

后来，他很想知道自己还患有什么病，就依次读完了整本医学手册。这下可明白了，除了膝盖积水症外，什么病都有！

他非常紧张，在屋子里来回踱步。他认为：“医学院的学生们，用不着去医院实习了，我这个人就是一个各种病例都齐备的医院，他们只要对我进行诊断治疗，然后就可以得到毕业证书了。”

他迫不及待地想弄清楚自己到底还能活多久，于是，就搞了一次自我诊断：先动手找脉搏，开初连脉搏也没有了，后来才突然发现，一分钟跳一百四十次！接着，又去找自己的心脏，但无论如何也找不到。他感到万分恐惧，最后他认为，心脏总会在它应在的地方，只不过自己没找到罢了……

他往图书馆走时，觉得自己是个幸福的人；而当他走出图书馆时，却被自己营造的“思想牢笼”所监禁，完全变成了一个全身都有病的老头。

他决心去找自己熟悉的医生，一进医生的家门，他就说：“亲爱的朋友！我不给你讲我有哪些病，只说一下没有什么病，我的命不会长了！我只是没有害膝盖积水症。”

医生给他作了诊断，坐在桌边，在纸上写了些什么就递给了他。他顾不上看处方就塞进口袋，立刻去取药。赶到药店，他匆匆把处方递给药剂师，药剂师看了一眼，就退给他说：

“这是药店，不是食品店，也不是饭店。”

他很惊奇地望了药剂师一眼，拿回处方一看，原来上面写的是：

煎牛排一份，啤酒一瓶，六小时一次。

十英里路程，每天早上一次。

他照这样做了，一直健康地活到今天。

这位职员幸亏治疗及时，否则一定会被自己营造的“思想牢笼”所囚禁，最后非得上病不可。

现实生活里，有不少人喜欢用自己不懂的事情塞满自己的脑袋，把一些不相干的事与自己联系在一起，造成了心理障碍。殊不知，不懂的事就是不理解，不理解的东西是自己无法判断的。如果盲目地相信某些毫无根据的感觉，使自己失去理智的判断能力，最后被囚禁的就是自己。

所谓“思想牢笼”是指一个人事实上能够干好这个，但是却被自己认为“不行”。这样的“思想牢笼”并非谦虚之词，而是自己对自己的蔑视，是穷人变成富人的最大障碍。

“思想牢笼”的实质是缺乏自信。

穷人往往是缺乏自信心的。人的自信通常是建立在成功的基础上的，反复失败，自信就会慢慢流失。一个生活在底层的人，往往会为穷困寻找一个开脱的理由：“我的运气不好”,“我没有一个好爸爸”,“我家住在黄土高坡”等。穷人常常对自己产生怀疑：“我不太精明”，“我不够漂亮”，“我不够好”，“所有人都比我强”等，怀疑常常使穷人自己寸步难行，他们总是在心底里问自己：“要是这样的话该怎么办？”穷人穷怕了，他已经习惯了怀疑一切，你要让他相信若干年后过上富人的美好生活，他有这个信心吗？

人的一生充满坎坷、愧疚、迷惘和无奈，稍不留神，就会被自己营造的“心狱”监禁。营造“思想牢笼”，既不花钱，也不费力，一瞬间就能制造出来。“思想牢笼”对人的健康危害极大，人的心脏病患大多都与“心狱”有关，严重者则会造成精神失常，甚至自杀。有人说，“思想牢笼”是很难攻破的。这话只说对了一半，要知道人的“思想牢笼”既然是自己营造的，就有冲出

"思想牢笼"的本能。这种本能就是精神意志的力量，有了这种力量，什么样的"思想牢笼"都可攻破。美国著名的心理学家威廉·詹姆斯说："我们这一代人最大的发现是人能改变心态，从而改变自己的一生。"

记住："思想牢笼"是自己营造的。你想成为富人吗？那你就必须鼓足勇气冲破你自己的"思想牢笼"！

观念是赚钱的先决条件

一个人要想像富人一样拥有钱财，就必须先要有富人的观念，因为观念会影响行为、行为会变成习惯、习惯会改变个性、个性会决定人生。这就好比是一个齿轮组，一个带动一个。因此，要想拥有财富人生，就必须从源头着手，从改变观念开始。

第二次世界大战期间，有一位年轻的女子，陪伴丈夫驻防在美国中部一个靠近大沙漠的陆军军事基地里。营区的生活条件很恶劣，大部分时间气温都在45℃以上，酷热难忍，风总是不停地刮，周围尘土飞扬。

有一天，她的丈夫奉命到沙漠深处参加为期一个月的军事演习，剩下她自己留在基地的铁皮营房中。外面，住的都是一些不懂英语的印第安人，没人陪她聊天，更没有一点儿好玩的东西，她感到十分孤独，只好写信给父母要求回家。

很快，她的父亲给她回了信，信中说："有两个犯人从牢房的铁窗往外望，一个人看到的是荒凉和泥巴，另一个人看到的却是那夜空中的星星。"

她反复地看这两行字，最终明白了父亲的意思：倘若一个人总是低头看，只能看到地上的泥土；抬起头看，就能看见天上的星星。在我们的生活中不仅有泥土，还有星星。她感到羞愧无比。

她暗下决心："我就去寻找那些星星吧。"

从此，她从屋子中走出，主动与当地人交朋友，并请他们教给自己如何编织东西和制陶。当地人热情招待了她，还将不舍得卖给观光客人的多种精美工艺品送给她。她因此对印第安文化、历史、语言及有关印第安的事物着迷了。而且，她还开始研究沙漠，沙漠中的一切在她眼里变得十分迷人。沙漠依旧，人也依旧，只是她的观念在改变。

一年之后，她成了一位沙漠专家，还根据这段生活写了一本《快乐的城堡》一书，出版后十分畅销。

有位伟大的哲学家说过："我们人类可以由改变观念而改变生活。一个人对财富的看法，不仅决定经商的成败，还决定着人生的成败。"

有一个人生活贫穷，有个富人怜惜他，想帮助他实现致富梦想。富人将一头牛送给他，吩咐他认真开荒，春天播下种子，秋天就能够收获粮食，从此摆脱贫穷命运。

穷人信心十足地开始努力奋斗，可是没过几天，牛要吃草，人也要吃饭，日子过得比过去还艰难。

于是，穷人心想，不如将牛卖掉换几只羊，先杀一只以求饱腹，剩下的还能生小羊，长大还能卖更多的钱。

穷人的计划得以实现，只是吃了一只羊之后，小羊却一直没有生羊，日子过得又十分艰难了，穷人忍不住又吃掉一只。穷人心想，这样下去咋行，不如将羊卖掉再买一些鸡，鸡生蛋的速度会快一些，日子马上就会变好。

穷人的愿望又实现了，但是日子并没改变，待到他生活艰难了，又忍不住想杀鸡吃，最终杀到只剩一只鸡的时候，穷人的理想彻底破灭了。心想，致富已经没有希望了，不如将鸡卖掉，打壶酒，一醉方休。

春天来了，富人高高兴兴地将种子送来，却发现穷人醉倒在地上，他的家中仍旧十分贫穷。富人扭头便走了，穷人继续受穷。

富有富的理由，穷有穷的根源。穷和富，并不在于有没有资源，而是如何对待资源。杀鸡取卵，资源终将枯竭；善于开发，资源就会不断升值。

布莱曼·阿勒扬是沙特阿拉伯的工商界巨子，他将美孚石油公司的燃气生产厂买下来，想提倡阿拉伯消费者使用液化燃气，但阿拉伯人先前很少有人用过液化气，他们将液化气与空气当成一码事，许多人对布莱曼·阿勒扬不屑一顾："这人简直是唯利是图，他竟然想将空气售给我们。"

怎样向顾客解释钢瓶里装的气体是值钱的可燃气体呢？布莱曼思索再三，决定采用"观念推销"法。他并不急着推销液化燃气，而是花费巨资在电视、报刊等媒介上宣传液化气的科学知识，扭转阿拉伯人对液化气的误解，努力从观念上将产品销售缺口打开。这种方法果然理想，燃气市场由于人们观念误区的逐渐消除而扩大。没过多久，布莱曼的沙特民族燃气公司成为海湾首屈一指的燃气生产工贸联合企业，并发展成为沙特第一个公用事业公司及中东最大的液化气发展公司。

倘若消费者对产品的性能存在观念上的误解，那么再好的产品也不易为消费者接受。而一家企业，如果它的产品不能售出，那么即便它的产品质量是优秀的，也是白费气力。

在商场上，如果你观念超前，能想他人之不敢想、为他人之不敢为、发现他人视而不见的商机，那么钞票就会源源不断地滚进你的腰包。所以说，观念是人生转变的基础和起点，是赚钱的先决条件。

给自己一个华丽的梦想，享受奋斗的快乐

远大的理想可以帮助一个人确立人生方向，让人懂得应该如何开始行动。但这还不是理想的全部，从心态的层面上讲，理想还有它的另一种潜在的意

义，那就是能否拥有一个快乐的过程。

“奋斗”两个字，容易给人一种艰辛、枯燥的感觉，可事实上并非如此。为心中的梦想而奋斗的人，热情充沛，每一天都过得无比幸福和踏实；反倒是那些不思进取、得过且过的人，常常会陷入空虚与懊恼之中。

即使你一直都生活在贫困之中，也不要放弃自己的梦想。当你要专心致志地集中你的思想时，不妨把你的眼光望向一年、三年、五年甚至十年后。你可以假设你自己是这个时代的强者；假设你拥有相当不错的收入；假设你购买了自己的房子；假设你自己正从事一项永远不用害怕失去地位的工作……专注于这些想象，你就可以把自己的每一天看做一个逐渐接近目标的过程，享受奋斗的快乐。

那些心怀梦想的人，虽然表面上看不出来，但却有着让自己变得与众不同的力量。

因为家境困难而不得不休学的欧普拉在超市打工，比起每天站到双脚水肿，更让她难过的是得不到别人的尊重。

商场销售员也分等级，厂家派来的职员和商场的正式员工，从外表上看显得干净利落，而且在商场内的待遇也不一样。像欧普拉这种临时雇员，无论在哪里都会受到不公平的待遇。

在每天清理货架、搬运商品的工作中，欧普拉就告诉自己，我绝不是应该受到这种待遇的人，于是就在脑海中描绘出自己的未来。主攻经营学的她，想成为市场营销方面的专家，有着从营销人员晋升到首席执行官的华丽梦想。

欧普拉经历了就业困难的时期和辛苦的公司生活，但她一刻也没有忘记自己在商场里就已经确立的梦想。如她所愿，欧普拉在市场营销领域崭露头角，几年后即被一家大企业选中，成为商场事业部的经理。

你不妨在最忙碌的时候，起身看看周围的同事。一样的部门，一样的办公室，同样的工作，看似差不多的生活。十年后，这些人当中，必定有人会过着与众不同的生活。在看似平凡的外表下，隐藏着不平凡梦想的人，就会是这个预言的主角。有梦想的人，就算不能实现这个梦想，也会因为奋斗的过程而实现特别的价值。

如果你是一位学生，且为分数读书，你会得到分数；如果你为求知而读书，你会得到更好的分数与更多的知识。如果你想做一笔生意，你可能会做成；如果你为了事业而做成一笔生意，你会做得更好而且会建立你的事业。如果你仅为薪水而工作，你可能得到较少的薪水；如果你为改善公司而工作，你不仅会得到较多的薪水，也会得到满足和同事的敬重，你对公司的贡献将会大得多，你的报酬也会多得多。

心存梦想，力争上游的人，他的每一天都比周围的人更积极、更活跃，这就是量变。如果你能坚持这种积累，必定会有不凡的成就。

20世纪30年代，英国一个不出名的小镇里，有一个叫玛格丽特的小姑娘，她自小就受到严格的家庭教育。父亲经常向她灌输这样的观点：无论做什么事情都要力争一流，永远做在别人前面，而不能落后于人。"即使是坐公共汽车，你也要永远坐在前排。"

正是因为从小就受到父亲的"残酷"教育，才培养了玛格丽特积极向上的决心和信心。在以后的学习、生活或工作中，她时时牢记父亲的教导，总是抱着一往无前的精神和必胜的信念，尽自己最大努力克服一切困难，做好每一件事情，事事必争一流，以自己的行动实践着"永远坐在前排"。

玛格丽特上大学时，学校要求学五年的拉丁文课程。她凭着自己顽强的毅力和拼搏精神，硬是在一年内全部学完了。令人难以置信的是，她的考试成绩竟然名列前茅。

其实，玛格丽特不光是学业上出类拔萃，她在体育、音乐、演讲及学校的其他活动方面也都一直走在前列，是学生中凤毛麟角的佼佼者之一。当年她所在学校的校长评价她说："她无疑是我们建校以来最优秀的学生，她总是雄心勃勃，每件事情都做得很出色。"

正因为如此，四十多年以后，英国乃至整个欧洲政坛上才出现了一颗耀眼的明星，她就是连续四年当选保守党领袖、并于1979年成为英国第一位女首相、雄踞政坛长达11年之久、被世界政坛誉为“铁娘子”的玛格丽特·撒切尔夫人。

如果在一开始的时候，你就以一个伟大人物的标准来要求自己，那么即使你成不了伟人，也必有出色的表现。可以说，是梦想点亮了人生。

远在三国时期，诸葛亮在写给他外甥的一封信中说过：“夫志当存高远。”“若志不强毅，意不慷慨，徒碌碌滞于俗，默默束于情，永窜伏于凡庸，不免于下流矣。”意思是说，做人应该有远大的理想和志向，如果意志不坚强，心胸不开阔，整天忙于身边的生活琐事，受个人感情的支配和束缚，长期在庸俗的气氛中过日子，那就会成为一个平庸的人。

为了避免成为一个平庸的人，为了给那些平庸的日子一点儿颜色，请给自己选择一个梦想。

境由心生，你说行就行

在社会上有这样一种现象：有些人总是受人敬重，有些人就是被人看不起。当然，这里面有多种原因，地位、财富、性格等，都是可以给一个人加重分量的砝码。但这些都还不是最重要的，问题的关键是：你是如何给自己定位的，自己是否看重了自己。

对于穷人来说，抱着积极的心态不断地努力，就可以取得你要寻找的财富。而你如果过早地屈从于命运的压力，对前程失去了信心，在生活中只是机械地迈动脚步，那么好运绝不会在你身边停留。

1929年下半年的某一天，美国青年奥斯卡在中南部的俄克拉何马州首府俄克拉何马城的火车站上等候火车往东边去。他在气温高达43℃的西部沙漠地区已经待了好几个月了，正在为一个东方的公司勘探石油。奥斯卡毕业于麻省理工学院，据说他已把旧式探矿杖、电流计、磁力计、示波器、电子管和其他仪器结合成勘探石油的新式仪器。现在奥斯卡得知，他所在的公司因无力偿付债务而破产了。奥斯卡踏上了归途，他失业了，前景相当暗淡，消极的心态在一开始就极大地影响了他。由于他必须在火车站等待几个小时，他就决定在那儿架起他的探矿仪器用以消磨时间。仪器上的读数表明车站地下蕴藏有石油。但奥斯卡不相信这一切，他在盛怒中踢翻了那些仪器。“这里不可能有那么多石油！这里不可能有那么多石油！”他十分反感地反复叫着。

奥斯卡由于失业的挫折，深受消极心态的影响。他一直寻找的机会就躺在他的脚下，但是他不肯承认它，他对自己的创造力失去了信心。那天，奥斯卡在俄克拉何马城火车站登上火车前，把他用以勘探石油的新式仪器毁弃了，而他也丢掉了一个全美最富饶的石油矿藏地。

不久之后，人们就发现俄克拉何马城地下埋有石油，甚至可以毫不夸张地说，这座城就浮在石油上。

对自己充满信心，是成功的重要原则之一。检验你的信心如何，要看在你最需要的时候是否应用了它。奥斯卡由于心中没有蕴藏着自信，所以他就发现不了近在咫尺的矿藏。

在这个世界上，有许多穷人总是与财富失之交臂，根本原因就在于他们一直把自己当成一无所有的“0”，因为自己一向的贫穷和正在遭受的挫折，他们开始怀疑自己的能力，不相信自己能行。因此，穷人要改变命运，心态首先要变。

世界顶尖的潜能成功学大师安东尼·罗宾在心灵革命的课程中，为了证明人类的巨大潜能曾做过下面的实验：

那是一节让学员们赤足从火上走过的课程，在整堂课里，所有的学员都必须面对由火红、炽热的木炭所铺成的“火路”，然后大胆地赤足走过。对于那些没有这种经验的人来说，那是极为骇人的场面，有的人哭叫，有的人腿软了，更有的人浑身发抖，甚至有人苦苦哀求免去这种“考验”，不过最终所有的学员还是得走过这条路，因为没有经历过这场考验的人，就无法在随后的课程中取得最大的效果。

对此，安东尼·罗宾说：“我们当中很少有人有过这样的经验，但是，有不少人看见过他人赤足走过火路的场面，特别是在寺庙的拜火祭典中。当我们看见别人平安走过火堆之后，总以为是神明在庇护那些人，或是有人预先在火堆中做了手脚，殊不知只要在妥善安排的情况下，人人都能平安走过。”

根据美国一些科学家的观察与测试，发现不需要用跑，只要步行的速度足够快，便不容易灼伤脚底。因为每当脚掌在接触火炭的瞬间，便会立即释放出汗水，形成一层绝缘体，在那层汗膜尚未蒸发前提起脚掌，汗水便吸收先前的热量而化为蒸气消逝，因而脚掌丝毫不会受到损伤。

由于大多数人不了解人体的神奇机能，以无知来接触那些自己视为可怕的遭遇，便容易陷入畏缩不前的状态中。当那些研讨会的学员在咬紧牙关平安走过火堆后，他们整个观念会有很大的改变，因为原先认为做不到的事情，竟然轻易可以实现，而且毫发无损。原来，“任何限制都是从自己的内心开始的”。

能否将怀疑的情绪转化为动力，是决定人生成败的一个重要指标。

“疯狂英语”的创始人李阳，中学时学习状况很不理想，高三期间，因对学习失去信心几欲退学，后来勉强考入兰州大学工程力学系。大学一、二年级，李阳多次补考英语。

为了彻底改变英语学习失败的窘境，李阳开始奋力一搏。

李阳制作了许多小纸条，写上一些英文句子，在零碎时间，他就大声背诵这些句子。甚至在去食堂的路上，他也大声背诵，而不顾及其他人投来的诧异的目光。

经过4个月的艰苦努力，李阳在大学英语四级考试中一举获得全校第二名的优异成绩。

李阳大学毕业之后，被分配到西安西北电子设备研究所当了一年半助理工程师。这一年半中，他坚持每天清晨在单位九楼的楼顶大声朗读英、法、德、日语，进一步实践和完善了“疯狂英语突破法”。

后来李阳创办了广东李阳文化教育发展有限公司，全身心投入“在中国普及英文、向世界传播中文”的事业。迄今为止，他已经在全国各地义务讲学数千场次，听讲人数几千万人。

广大英语学习者称他为“英语播种机”。

那些表面上成就卓著的人，也曾经有灰暗的一面，也有失去信心的时候。但与一般人不同的是，他们没有将自己的怀疑表现在言辞上。要知道，抱怨会使一个人的失意更为清晰，从而引发更多的负面影响，会驱使运气全部都跑掉。所以，当你感觉到信心不足的时候，千万不要说出口，也不要诉诸文字。你应该这样想：“你们等着瞧，我绝对会成功的！”

有意思的是，当你超越自己，做出一定成绩的时候，心态也自然而然地发生了改变，热情越来越高，信心越来越足，过去已被远远地抛在脑后。

用雄心壮志作助力

雄心就是一个人力争上游的决心。纵观历史，不难发现凡成大事者一个个都是雄心勃勃的！他们从不甘于平庸，不愿仅是过着日出而作、日落而息的生活，并信奉一首歌中唱的那样：“活就活它个龙摆尾，活就活它个虎生威，不白活一回。”对他们来说，“雄心”的另一种解释是“强烈的出人头地的欲望”。

一位留洋归来的学者曾经说过：“中国的青年人与国外的青年人相比，最大的差别就是有志向而无野心！”这句话可谓一语中的！也正是因为大多数人无“野心”，少数有“野心”的人才得以脱颖而出、走向成功。在创业中，“野心”可理解为上进的雄心。有人说“不能流芳千古，也要遗臭万年”，这话虽有点偏激，但也比庸碌度日、自甘平凡，天天三饱一倒，过一天少三晌的混天度日强。

历史上有两位人物可谓是雄心勃勃的代表，一个是西楚霸王项羽，一个是汉高祖刘邦。

秦朝末年，民不聊生，苛政猛于虎。秦二世即位后，百姓不甘于压迫，社会矛盾全面爆发。以陈胜、吴广为首的农民起义军在大泽乡率先揭竿而起。一时间，原六国贵族、百姓纷纷响应，天下从此大乱。在长江下游吴地一带，一位英雄也开始崭露头角，迈出霸业的第一步，他就是后来的西楚霸王——项羽。他生于公元前233年，史书上说其身长八尺有余、力能扛鼎、才气过人。

项羽从小跟随叔父项梁生活。有一年，秦始皇为一显威风，曾东巡游至会稽（今浙江绍兴），项梁和项羽有幸一睹秦始皇巡游的宏伟场面。项羽一时看得兴起，不禁脱口说道：“彼可取而代之。”陈胜、吴广起义后，项梁与项羽杀死会稽郡守，正式宣布举兵反秦。项梁自立为会稽守，项羽为裨将，部属精兵八千人。一年后，项梁、项羽率八千精兵渡江，加入天下义军抗秦的行列，项羽时年24岁。秦二世二年六月，项梁为了建立一个新的有威信的领导核心，立孙心为新的楚怀王。不久，项梁战死，秦将章邯渡江北上击赵，与王离、涉间围攻巨鹿。楚怀王命宋义为上将军，项羽为次将，率兵北上救赵。宋义率军行至安阳，停留46日不进，坐观成败。项羽以宋义谋反之名，果断杀死他后统率全军。他派军两万迅速渡过漳河，以解巨鹿之围，随即破釜沉舟亲自率全军渡河，袭击秦军。经过激战，楚兵大胜。战后，诸侯将领谒见项羽，都膝行而前，不敢仰视。从此，各诸侯皆听从项羽指挥。

公元前206年，项羽引军攻入秦都咸阳，灭了暴秦，后杀子婴、烧阿房宫、分功封侯，成为世人代代传颂的西楚霸王。

同样，雄心也造就了西汉开国皇帝——刘邦。

刘邦生于公元前247年，字季，沛县（今江苏沛县）丰邑中阳人。虽然生活过得并不富裕，但野心勃勃的刘邦从不安于现状，一心想出人头地。

有一次，刘邦到秦首都咸阳服徭役，看到秦始皇出巡的宏壮威风场面，不仅呆住了，由衷地感叹道：“大丈夫当如是也！”自此以后，秦始皇出巡的情景经常浮现在刘邦眼前，激励他不断告诫自己：一定要成为秦始皇那样的大人物。陈胜、吴广起义后，天下大乱，给刘邦提供了契机。此时，身为亭长的他在山泽中聚集一伙人伺机起义反秦。不久，刘邦攻下沛县城，被推举为县令，人称沛公，从此加入秦末农民大起义的洪流之中。

楚、汉战争期间，刘邦豁达大度、知人善任、从谏如流，坦然地面对一次又一次失利。经过3年多的努力，他率领汉军扭转了劣势，取得了长达4年的血腥、残酷战争的胜利，成为开国之君，开创了400多年的大汉江山。

若两人无雄心大志，项羽乃一介武夫，混得好能当个将军；而刘邦无德无才，混得再好，也只能是个流氓头目。正是他们的雄心激发了斗志，不甘于平凡，揭竿而起，白手起家，从而成就了一番霸业。古人如此，今人也一样，没有雄心就没有干劲，就不会把想法付诸行动，而不行动就会变懒，就会接受现状，进而从身到心都会懒惰、认命。自得其乐的人会平淡一生，牢骚埋怨的人会忧苦一生。你愿过这样的日子吗？无大志无雄心，只能像小鸟从天空飞过，没有一丝痕迹；有雄心去努力，人生即使不会浓墨重彩，至少也会丰富多彩，而不是白纸一张。

日本软银的首席执行官孙正义早在19岁时就写下了自己50年的计划：20多岁时，建立自己的企业；30多岁时，挣到第一个10亿美元；随后20年，巩固和挑选接班人；43岁后，在10年内将企业扩大10～20倍。于是，他在24岁那年成功地建立了自己的公司，并再次宣称要在5年内将销售规模达到100亿日元，10年内达到500

亿日元，使公司发展成为几兆亿日元、几万人规模的公司。如果说在充满激情的青少年时代，孙正义拥有崇高的志向、华丽的梦想、庞大的雄心，并不是一件太过突兀的事情，那么在他经历了无数的困难和激烈的竞争之后，在大多数人都屈从于现实社会而放弃自己的志向时，他的豪言壮语恐怕就只能被称之为“野心的膨胀”了！

但正是这份“膨胀”的雄心，支撑着孙正义在37岁时成为10亿美元的富豪，更支撑着他建立起如今这庞大的国际互联网帝国。

在大多数中国人眼里，“野心”是一个贬义词，人人唯恐避之不及，可是孙正义却以其天大地大的昭昭野心成就了事业。

原因何在？因为这是一个需要雄心的时代。没有创业的雄心，就没有那些推动世界经济主流的高科技产业和企业群，就没有那些最终成为现实的、迅速聚集财富和改变世界的梦想。

人永远无法选择自己的出身，却有权利选择自己的未来。只要你不甘于平庸，想做一番大事业，你的命运就有改变的可能。因为雄心能使你不安于现状，继而使你在强烈欲望的推动下一步步朝自己的目标迈进。

向贫穷挑战，向命运挑战

现在已经无法统计，自古以来，贫穷曾经让多少才华横溢的人在这个世界上默默无名。贫穷也许是向自己和别人解释人生平庸和不幸的最体面的借口，但它还不是阻碍人们获得成功、幸福以及体面人生的最可怕的力量。那最可怕的力量是什么呢？是随贫穷而来的对成功的恐惧，它会使人们自暴自弃！这恐惧像太阳下巨大的云翳，笼罩了整个人生。谁也无法将时光倒流，让你再重投胎生到豪门望族，成为一个幸运的“二世祖”。但你完全可以扭转劣势、从零做起，运用与生俱来的心灵力量创造机遇，石破天惊地去创造新的人生。

这不是空洞的、为讨人喜欢而发的妄语狂言，这是人们对许多成功者进行研究后得出的结论。人们惊奇地发现：对于许多有惊人成就的人士来说，贫穷竟是他们获得成功的法宝。换句话说，是贫穷使他们创造了人生的奇迹。人生本来就是一种挑战，只有接受挑战，不断追求，才能充实生命，才能体验到生活的美妙绝伦。所谓有志者事竟成，正是这种人生的写照。没有永恒的成功，只有成功了的永恒。向贫穷挑战、向命运挑战，才能造就伟大的自我。

在美国西部的一个小乡村里，一位家境清贫的少年在15岁那年写下了气势不凡的《一生的志愿》："要到尼罗河、亚马孙河和刚果河探险；要登上珠穆朗玛峰、乞力马扎罗山和麦金利峰；驾驭大象、骆驼、鸵鸟和野马；探访马可·波罗和亚历山大一世走过的道路；主演一部《人猿泰山》那样的电影；驾驶飞行器起飞降落；读完莎士比亚、柏拉图和亚里士多德的著作；谱一部乐曲；写一本书；拥有一项发明专利……"他洋洋洒洒地一口气列举了127项人生的宏伟志愿。不要说实现它们，光是看一看，就足够让人望而生畏了。可少年的心却被那庞大的《一生的志愿》鼓荡得风帆劲起，全部心思已被那《一生的志愿》紧紧地牵引着，并让他从此开始了将梦想转为现实的漫漫征程。一路风霜雪雨，他硬是把一个个近乎空想的夙愿变成一个个活生生的现实，由此一次次品味到了搏击与成功的喜悦。44年后，他终于实现了《一生的志愿》中的106个愿望……他，就是20世纪著名的探险家约翰·戈达德。

有人惊讶地追问他是凭借着怎样的力量，把那些注定的"不可能"都踩在脚下的。他微笑着回答："很简单，我只是让心灵先到达那个地方，随后周身就有了一股神奇的力量，接下来就只需沿着心灵的召唤前进了。"一个15岁的贫苦少年正因为敢于向命运挑战，才有了后来愿望实现的伟大创举。

只要你有一颗永不服输的心灵，有一种愈挫愈奋的意志，就算你是个再贫穷的人，内心也会升腾起一股勇往直前的勇气，从而再也不会抱怨上苍的不公。这样艰苦卓绝地去做了，虽然不一定都能到达理想的彼岸，不一定能够采撷到预想的果实，但这个心灵的激励、奋斗的过程却闪耀着无边无际的生命之美的光芒。

1999 年，张波便停薪留职下海了。他平常有一个喜好，就是看报纸、杂志、电视新闻，而且好动脑、搞调查。他发现由芮城到广州一个来回就需要 1100 多公升汽油，汽车每走三四百公里就必须加一次油，整个路途需经过 3 个加油站。特别是果农都喜欢到三门峡加油，因为三门峡可从三省进油，价格比芮城每公升低 2 角钱。他觉得这就是机会，因此开始了自己大胆的计划。

他与合伙人在广东清远投资办了个加油站，挂上专门招待运城地区老乡的招牌（芮城属运城地区）。为招揽顾客，他们还提供食宿、换车胎，并为资金一时周转不开的老乡提供帮助。接着他来到三门峡，找到一个濒临倒闭的加油站进行合作。由于这个加油站生意冷清，费用自然低。合作后他们挂上了标语牌："车行万里觅知音，运城老乡在这里，遇到困难需帮助，随时为你解忧愁。"此招果然奏效，当天晚上便有 5 辆车进驻。这种做法极易唤起同乡司机的亲切感，加之各项服务周到，生意越来越好。曾经有一天，该加油站光运城地区的车就来了 150 辆。因为从三门峡到武汉后车一般都没油了，他们又与武汉的一个加油站合作，也打出为运城老乡提供各种服务的招牌，效果同样甚佳。

有一天，他吃饭时忽然看见芮城大型知名制药集团的车从路上驶过，车厢上喷有药品名称的广告，忽然灵感骤来：何不在自己所管辖的车上也喷上这些广告呢？因此他赶紧找到这家药厂，把想法说了出来。精明的药厂老总立即同意了。因为他们每年的广告费高达三五千万，而此计划投入小，且这些车每天都在全国各地跑，效果肯定错不了，老总当即答应每辆车付 4000 元的广告费。这样一来，车主还能得到几百元，自然乐意。除去喷广告及交纳各种费用，一辆车张波就赚了 2000 多元。一夜间，张波成为 10 万元小富翁的佳话便传开了。

一家银行曾推出一个信用卡销售广告，内容是："真正的财富不是口袋里有多少钱，而是脑袋里有多少东西。"脑袋就是一个人的想法、观念，想要使口袋里有钱，一定要先有一个富有的脑袋。一个人脑袋富有后，自然就能赚进许多财富，口袋里也会富有起来，就能过上富有的生活。其实真正可怕的并不是贫穷本身，而是贫穷带来的颓废、消沉、自暴自弃，以及愤怒的火种。一个意志健全的人、一个积极进取的人、一个乐于奉献的人，在他眼中，贫穷只意味着命运对自己的一次考验！

大志离不开大自信

2000多年前孟子说的"尧舜与人同耳，人皆可以为尧舜"，指的是道德自信心；古人说的"天生之人必有才，天生我材必有用"，是指能力自信心；相信自己能成为富人，从而尽最大努力去实现目标，这是事业上的自信心。没有自信便没有成功。《凡人与神仙》中说："三十三天天外天，白云里面有神仙。神仙本是凡人做，只怕凡人心不坚。"别人能做到的，我们也能做到；别人不能做到的，我们也要去争取。永远不要消极地认为事情是不可能的。一个人相信自己能够做到，就能够做到；自己都不自信的事情，肯定也不可能实现。

一个人能获得巨大成功，首先是因为自信。有人说自信是成功的一半，如果不充分地认识这一点，有一天你可能会连原来的一半也丧失。自信的人依靠自己的力量去实现目标，自卑的人则凭借侥幸。自信者的失败是一种命运的悲壮，自卑者的成功则是一种命运的悲哀。前者虽辱犹荣，后者虽荣犹辱。

古往今来，许多人之所以失败，究其原因不是无能，而是不自信。自信可以使不可能成为可能，使可能成为现实；不自信则气使可能变成不可能，使不可能变成毫无希望。

现在自己贫穷，并不代表以后仍旧贫穷，怨天尤人是没有任何意义的，这样下去后代也会成为贫穷者。只有不断地改变自己的处境，你的后代的起点才会更高，生活才会更好。所以说，穷困并不可怕，只要人有志气、有自信，那么在贫困中所作的努力和所克服的困难将是一笔巨大的财富。只有穷苦的人才能拥有这笔财富，因为穷，所以必须劳作，必须克服许多困难，在这个过程中会让人学到更多东西。因此，要为自己的贫穷而自豪，但是如果你只满足于现状而不去努力奋斗，就将失去自豪的资本。

河北省某县的一个农村姑娘想当作家，可是家里很穷，好多人都不理解她，笑她："你凭什么当作家？"但她不怕别人嘲笑，依然自信地为自己的理想努力。15年以后，她真的成了作家，1996年《广州日报》连载了她的长篇小说《保姆离亲记》，引起了当时社会上很多青年、包括一些中年人的强烈反响，大家也渐渐被这个故事里主人翁的艰苦创业精神打动了。在平常人看来，一个替别人打工的保姆居然成了作家，简直不可思议。但是，也正是从这不可思议当中，人们看到了一个贫穷女孩的自信。她积极投入社会，创造了自己的人生价值，为了自己的追求执著拼搏。她就是现已出名了的英秀明。

从英秀明的奋斗历程中可以看出，贫穷者一定要有信仰、有理想、有追求、有自信，这样头脑才会清醒，生活才会有动力。

伟大的诗人泰戈尔曾说过："如果自信是煤，成功就是熊熊燃烧的烈火。"一分自信，一分成功；十分自信，十分成功。自信与不断取得的胜利有关，不自信与接连遭受的挫折有关。当不自信时，你难于做好什么；当什么也做不好时，你就更加不自信，这是一种恶性循环。若想从这种恶性循环中解脱出来，重建自信心，你不妨先把最有把握的事情做好。当你不断取得成功时，你的自信心也就逐步重新建立起来了。

1976年5月，丁晓出生在成都金堂县的一个农家。初中毕业后，因家里穷上不起学，丁晓靠站在窗外听课自学达到了高中文化水平，并经过半年培训拿到了厨师等级证书，一种菜在她的手里可以做出十几种不同的吃法。她听说美国一家公司到成都招服务员，要求高中以上文化水平、会英语，就大胆地报了名，并被录取，分配在华盛顿一家著名的连锁超市当营业员，却在一次清理货物时因不慎将几瓶高档红酒碰倒而被解雇。

失业后的她又凭着捏泥人、卖泥人维持生活，后来摊子又被砸。在走投无路的情况下，她报名参加了白宫服务生的应聘。在接受考官面试时，考官说："我们不要中国人。"她说："我一向钦佩美国是个开明而又民主的国家，你们在招聘启事上又没有对国籍提出限制，你们所有的服务工作我都可以做好，我是一个厨师，我最擅长的是中国八大菜系之首的川菜。"等了一周之后，她以日薪200美元的薪酬被白宫录取了。

凭借不懈的努力，她的一道水煮肉片征服了布什总统，成为布什的御厨，后来她还和一位白宫官员结了婚。在一次温家宝总理和布什总统在白宫举行的活动中，温总理拉着她的手说："你是一个了不起的姑娘，要好好干。"

丁晓说过："不管你处于怎样的状态，如果始终能以自信的心态去面对，那生活必定会回馈你更多。"自信使她自学成才，使她敢于走出国门，使她考入白宫，更使她从一个中国的农家女孩成为布什总统的御厨，成为美国上流社会的人才。一句话：自信能成就一切。

爱默生说："自信是成功的第一秘诀。"在波涛汹涌的大海上，一只小船正在海上航行，虽然险恶重重，但这只小船却勇敢地前进着，因为它已扬起了自信的风帆，有信心战胜前途中的种种风暴，并坚信自己一定能到达彼岸。所以说，贫穷并没有什么可怕，可怕的是没有自信。

不幸很少在充满信心的人身边徘徊

有许多人相信自己"注定"贫穷失败，源于一股他们自认无法控制的力量。其实，他们自己就是创造"不幸"的人，因为他们具有否定的负面的心理，它传至其潜意识，然后化为实质的对等物。

事实上，不幸很少在充满信心的人身边徘徊。

索尼创始人盛田昭夫带着自己公司生产的小巧玲珑的晶体管收音机进军美国市场的时候，一下子引起了代理商们的轰动，他们蜂拥到盛田昭夫的住处，仅在洽谈会的第一天，盛田昭夫就订出了数万台。有一家实力雄厚的美国代理商向盛田昭夫建议道："我们可以订 10 万台的货，但条件是你们必须把索尼的商标换成我们公司的。我们是一家有着 50 年历史的公司，牌子很响，几乎是家喻户晓，用我们的优势和名声给你们的产品打开销路，对你们并不是一件吃亏的事情。"

盛田昭夫仔细考虑了这家代理商的建议，10 万台的确是个诱人的数字，它会给索尼公司带来很大的利益，但如果改用对方的商标，则有着高性能产品的索尼公司的招牌就永远得不到消费者的认可，如果不能用索尼的商标在美国市场销售的话，他宁可一台不卖。

盛田昭夫断然拒绝了这家美国代理商的建议，令对方大感意外，就连他的日本同行也认为盛田昭夫未免有些"狂妄自大"，他做出的这个决定是个愚蠢的决定。

但盛田昭夫坚信索尼产品的实力，也相信自己的决定没有错，事实也很快证明了这一点。没过多久，"SONY"便充斥了整个美国市场，一下子改变了美国人对日本产品的固有印象。而正是盛田昭夫的这一决定，真正改变了索尼公司的命运。

你曾经对为什么有些人生活似乎特别顺利，每件事都称心如意而感到奇怪吗？如果你更靠近点观察，你就会发现，这只是表面上看来如此。他们能遇到好事的机会，跟遇到问题、挫折甚至失败的机会一样多，与其他人并无二致。但是他们面对这些困难时，会以不同的方式处理，他们不容许自己因为一次不幸的经验就丧失希望，总是认为事情终究会好转。当你真正遇上不幸的事，不用说，一定非常难以接受，但若你拒绝就此认输，成功很快就会到来。只要你抱着信心与希望，就没有克服不了的困境。

以莱思康电脑字典闻名，蝉联“1993最佳国际产品奖”殊荣的艾思德公司的创始人黄晓枫，他的成功是个非常典型的例子。

黄晓枫早年一度从事成衣外销业，由于制度未臻完善，致使纺织品的输送配额，控制在“纺织会”手中，形成了垄断的局面。为了继续做生意，厂商常以更高的价格，来购买极为有限的配额。在不公平的措施下，许多经营者处于血本无归、毫无利润可言的惨状。

于是有投机分子开始制造伪配额证明，为使商品能顺利出口，黄晓枫只得依例购买假配额，不料却东窗事发。

1972年的一天傍晚，调查局的人来到黄晓枫家中，态度委婉地请黄晓枫前往警局“协助”调查“假配额案”。当时身为黄晓枫好友和事业伙伴的某财团负责人，曾拍着胸脯保证，将尽力为他洗刷罪名，并答应代为照顾安置家小。

黄晓枫心存感激地随同调查局的人离开家，出于朋友义气，他慷慨地在警局独力承担一切罪名，并且满怀希望地在警局中等待“救援”。

不料自那晚离家后，他便在监狱中度过了整整一年暗无天日的铁窗生涯。“屋漏偏逢连阴雨”，在美国海关中一批价值约4000万台币的货物，也因无法及时取得合法的提货文件而被全数没收充公。

从来天不怕、地不怕的黄晓枫，不仅入狱，而且被视为“恩人”的朋友所卖，百感交集的他第一次体会到了世间的人情冷暖、世态炎凉。

出狱后，对于成衣原料、品质、经销网路早已耳熟能详的黄晓枫，再也不愿意重回成衣圈，他说：“伤了心，再容易也不干。”

当时已39岁的黄晓枫，就这样抱憾地退出了成衣界。

而不爱读书的黄晓枫却有个梦一直萦绕心头。他察觉人们久已习惯使用的英汉字典，不仅体积笨重，而且查询起来也极为费事，如果有一天，有人能发明一部会说话的字典，随身携带，只要用手指轻轻一按，便可随时随地学习，岂不皆大欢喜。

他向毕业于美国麻省理工学院，获电机硕士学位的弟弟黄晓麟谈起了这个梦想，得到了弟弟的大力支持。黄晓麟于是立即开始着手进行软硬件的开发。

自喻为“什么都不懂、只会整合”的黄晓枫振臂一呼，全家一起上阵，首先是父亲黄庆丰办理退休，负责字典的编纂工作，此外，曾任教师的母亲以及大学毕业的妹妹也都全力投入。

全家人辛勤工作一年后，也就是1974年后，第一台电脑字典原型机终于正式出炉，这使一度被讥评为“天方夜谭”异想天开的想法得以梦想成真。

一个人遭遇不幸并不可怕，可怕的是就此对生活、对事业失去信心。黄晓枫虽然曾因遭人出卖身陷囹圄，并因“伤透了心”离开了成衣界，但他并没有就此消沉，而是另辟蹊径，另起炉灶，终于在另外的领域同样闯出了一番天地。可见，一个人只要充满信心，再大的不幸也能度过，财富之神也会永远垂青那些信心满满的人。

赚钱，要心动，更要行动

10年前，你的理想是什么？如果你有很多的理想，那么在10年后，你的承诺兑现了么？

穷人往往没有兑现自己的诺言，而富人却做得更多，为什么有这样的差异？

因为穷人总是期待着明天可以怎样，明天是他们最强大的“武器”。想象一次成功对于他们来说已经足够美好，而获得成功是明天的任务。富人们则认为命运是极为明确的目标和结果，今天的想法只在今天有效。因为今天不执行自己的想法，明天也不可能有机会将它付诸实践，成功就会在自己的忙忙碌碌中消散、消失和消亡。

有这样一位先生，他进入了美国邮政局工作，但很快就对工作上的种种限制、呆板的作息时间及微薄的薪水感到不满。他曾经想到利用工作中学到的贸易商所具有的专业知识，自己做礼品玩具的生意。10 年后，他偶遇另一位成功的玩具商人，不胜欷歔。因为对方几乎是和他同时开始想到做这个生意。而他本人，直到现在还在邮政局上班，依然对现实不满，依然每天都在想自己的玩具生意，但是，只是想着。10 年来，他没有为自己的理想做过一件事，所以他仍然在“想”，也仅是在“想”而已。

穷人总是缺乏自律，充满想象。

他们把成功后的情景想象得很美好，却从来不注意创业的艰辛，因为他们根本就不会付诸行动。

他们喜欢用“明天”来治疗懒惰，于是当懒惰再次光顾时，他们只能用另一个“明天”来治疗。

富人则充满毅力，成功后的美好不过是他们的原动力，他们更多关注的是行动中的细节和需要努力的方向。“行动”是他们治疗懒惰的良方，而且治标治本，懒惰再也不敢光顾他们。

记住：空想主义已经被淘汰了，只有实干才能创造出财富。

财富是“做”出来的。认定目标，行动才能创造价值。

巴菲特 11 岁时曾经劝姐姐买过某个公司的股票。经历了下跌之后，这只股票开始上涨，害怕股票再次下跌的巴菲特立即卖掉了它，结果小赚一笔。但是这只股票紧接着一直上涨了好几倍，这让巴菲特后悔不已。于是他得出了两条终身遵守的规则：第一是设立目标必须通过严谨的思考和精密的测算；第二是目标设立后，决不轻易放弃和改变，只是想尽一切办法去实施。于是在其后 40 年的投资生涯中，他只用了 12 个投资目标就拥有了现在的财富。

1993 年，巴菲特准备购买一家在内布拉斯加深受顾客欢迎的家具公司。他走进公司，问老板愿不愿意将家具公司卖给他，老板当即开价 6000 万美元。巴菲特没有还价，径直回到办公室开了一张支票给他。老板问他怎么没有请律师和会计师，巴菲特说他相信老板。

在清点存货时，老板才发现家具公司值 8650 万美元，不过既然做出了交易，也不愿毁约。老板只是非常吃惊，因为巴菲特当时似乎连想都没多想一下。其实巴菲特很早就开始收集这家家具公司的资料，因而心中早就有了适当的估价。

先确立一个正确的目标是至关重要的，但要获得目标，实现创意，还要有具体详细的执行方案。

肯德基刚开始要打入中国市场时，派了一位代表来进行考察。在首都北京，他看到街道上人头攒动，内心激动不已，于是回到公司后尽情地畅谈着肯德基一旦在中国站稳脚跟后的美好未来。尽管他提出了许多好听的理论譬如人口密度大、消费水平不高但是成本低等，但是总裁还没等听完他的“美好遐想”就停止了他的工作，另派了一位代表。

新代表与上一位不同，他先在北京的几条街道测出人流量，然后又对不同年龄、不同职业的人进行品尝调查，详细询问了他们对炸鸡的味道、价格方面的意见。最后，他对北京油、面、菜甚至鸡饲料等行业进行了广泛的摸底研究，将样品数据带回了总部。

总公司在经过精确的计算之后，发现中国是一个巨大的利润市场，于是那位新代表率领一帮人回到北京，肯德基从此打入中国，而那位新代表也成为第一任中国区总裁。

第一位商业代表之所以被解雇，并不是他没有好的创意，好的想法，而是他的意见还停留在空谈上，没有拿出令人信服的行动来证明这个想法。而第二位代表是想到就做，马上行动的人。他既有让肯德基驻足中国的美好愿望，同时又通过行动证实了这个想法的可行性，并最终付诸行动。

好的创意并不少见，而把它变成事实的却极少。不要抱怨别人的点子你也有过，因为别人的行动你不曾做过。把想和做结合的人，才会是最后获得成功的人。所以，行动吧，现在就开始行动。

两位患者在医院等候就诊时攀谈起来，他们这次都是因为胃疼的毛病来医院检查的。他们谈起了自己的希望和人生的打算，碰巧的是，两位病人都有去西藏看看的打算，但是以前一直未能成行。后来医生叫两位病人去检查，很不幸，检查的结果是其中一位得了胃癌，而另一个只是轻微的胃炎。

知道自己得了胃癌的人，感觉自己人生的时间不多了，决定马上进行自己一直未执行的计划，他去了一次西藏，在拉萨的土地上留下了自己的足迹；他读完了莎士比亚所有的作品，圆了大学时的梦想；他重新学习，考取了研究生……

一年后，两个人碰巧又在同一家医院见面。那个实现了愿望的人接到了医院的通知，要他去复查。原来当初医院的诊治出了差错，他并没有得胃癌，这次是去进一步诊治确认。而另一个只是得胃炎的人又因为别的小毛病上医院来检查了。

这次，两个人又攀谈了起来。那个被误诊的人说："我真的无法想象，要不是这场病，我的生命该是多么的糟糕。是它提醒了我，去做自己想做的事，去实现自己想实现的梦想，那样才能体会到什么是真正的人生和生命。"而那个只是得了胃炎的人呢？他早已因得的不是癌症而把自己所说的梦想放到脑后了。

原本两个人的梦想相同，但是现在只有一个人实现了它，差别就在于这个人去实践了，而另一个人只是偶尔午夜梦回时想起自己还有这样的心愿没有实现。

为什么不把梦想带进生活，而非要带进坟墓呢?

赚钱，要心动，更要行动。别让生命错过！趁自己有精力的时候把自己的财富梦实现，把自己赚钱的想法落到实处去。

穷人做事情，富人做事业

穷人为什么穷？富人为什么富？就在于两者的态度不一样，穷人对待任何事情都抱着做事情的态度，做完就行，其余不管；而富人呢，无论做什么工作、处于什么样的岗位，他都会以做事业的态度认真对待。事情和事业，虽只有一字之差，境界却有天壤之别。

如果有人投资让你去开一个杂货店，你会怎么想?

从做事情的角度考虑，开杂货店用不着风吹日晒雨淋，除了进货，大部分时间都是坐着，可以闲聊，可以看报，可以织毛衣，不可谓不轻松。钱呢，也有得赚，进价 6 角的，卖价 1 元，七零八碎的 1 个月下来，衣食至少无忧。干吗不做?

但换一个角度想，开了杂货店，你就开不成百货店、饮食店、书店、鞋店、时装店，总之，做一件事的代价就是失去了做别的事的机会。人生几十年，如果不想在一个 10 平方米的杂货店内耗掉，你就得想到底做什么更有前途。从事业的角度，你要考虑的就不是轻松，也不是 1 个月的收入，而是它未来发展的潜力和空间到底有多大。

杂货店不是不可以开，而是看你以怎样的态度去开。如果把它当做一件事情来做，它就只是一件事情，做完就脱手。如果是一项事业，你就会设计它的未来，把每天的每一步都当做一个连续的过程。

作为事业的杂货店，它的外延是在不断扩展的，它的性质也在变。如果别的店只有两种酱油，而你的店却有 10 种，你不仅买一赠一，还送货上门，免费鉴定，传授知识，让人了解什么是化学酱油，什么是酿造酱油，你就为你的店赋予了特色。你的口碑越来越好，渐渐就会有人舍近求远，穿过整个街区来你的店里买酱油。当你终于舍得拿出钱去注册商标，你的店就有了品牌，有了无形资产。如果你的规模扩大，你想到增加店面，或者用连锁的方式，或者采取特许加盟，你的店又有了概念，有了进一步运作的基础。

这就是事情和事业的区别，也是穷人和富人的差距。

一位哲人说过："如果一个人能够把本职工作当成事业来做，那么他就成功了一半。"然而，不幸的是，对今天的一些人来说，工作却并不等于事业。在他们眼里，找工作、谋职业不过是为了糊口、混日子而已。

1974年，麦当劳的创始人雷·克罗克，被邀请去奥斯汀为得克萨斯州立大学的工商管理硕士班作讲演。在一场激动人心的讲演之后，学生们问克罗克是否愿意去他们常去的地方一起喝杯啤酒，克罗克高兴地接受了邀请。

当这群人都拿到啤酒之后，克罗克问："谁能告诉我我是做什么的？"当时每个人都笑了，大多数学生都认为克罗克是在开玩笑。见没人回答他的问题，于是克罗克又问："你们认为我能做什么呢？"学生们又一次笑了，最后一个大胆的学生叫道："克罗克，所有人都知道你是做汉堡包的。"

克罗克哈哈地笑了："我料到你们会这么说。"他停止笑声并很快地说，"女士们、先生们，其实我不做汉堡包业务，我真正的生意是房地产。"

接着克罗克花了很长时间来解释他的话。克罗克的远期商业计划中，基本业务将是出售麦当劳的各个分店给各个合伙人，他一向很重视每个分店的地理位置，因为他知道房产和位置将是每个分店获得成功的最重要的因素，而同时，当克罗克实施他的计划时，那些买下分店的人也将付钱从麦当劳集团手中买下分店的地。

克罗克如今已是世界上最大的房地产商了，他拥有的房地产甚至超过了天主教会，并且拥有美国以及世界其他地方的一些最值钱的街角和十字路口的黄金地段。

克罗克之所以成功，就在于他的目标是建立自己的事业，而不仅仅是卖几个汉堡包赚钱。克罗克对职业和事业之间的区别很清楚，他的职业总是不变的：是个商人。他卖过牛奶搅拌器，以后又转为卖汉堡包，而他的事业则是积累能产生收入的地产。

如果你把追求财富当做一种事业，就会站在一个更高的角度来看待它，因而也就更容易在生意场上取得成功，因为你已经获得了超越、获得了幸福。从对许多经济成功人士的采访看，赚钱使他们感到快乐，不在于自己的金钱增加了多少，而在于自己通过赚到的钱，证明了自己的能力，这种满足感才真正是快乐的源泉。这种满足感使自己在赚钱的时候感觉自己是在从事一种事业，从而极大地激发自己的创造性和幸福感。

张明高中毕业后随哥哥到南方打工。

他和哥哥在码头的一个仓库给人家缝补篷布。张明很能干，做的活儿也精细，当他看到别人丢弃的线头碎布也会随手拾起来，留作备用，好像这个公司是他自己开的一样。

一天夜里，暴风雨骤起，张明从床上爬起来，拿起手电筒就冲到大雨中。哥哥劝不住他，骂他是个傻蛋。

在露天仓库里，张明察看了一个又一个货堆，加固被掀起的篷布。这时候老板正好开车过来，只见张明已经成了一个水人儿。

当老板看到货物完好无损时，当场表示给他加薪。张明说："不用了，我只是看看我缝补的篷布结不结实。再说，我就住在仓库旁，顺便看看货物只不过是举手之劳。"

老板见他如此诚实、如此有责任心，就让他到自己的另一个公司当经理。

公司刚开张，需要招聘几个文化程度高的大学毕业生当业务员。张明的哥哥跑来，说："给我弄个好差使干干。"张明深知哥哥的个性，就说："你不行。"哥哥说："看大门也不行吗？"张明说："不行，因为你不会把活当成自己家的事干。"哥哥说他："真傻，这又不是你自己的公司！”临走时，哥哥说张明没良心，不料张明却说：“只有把公司当成是自己开的，才能把事情干好，才算有良心。”

几年后，张明成了一家公司的总裁，他哥哥却还在码头上替人缝补篷布。这就是带着事业心做事与糊弄工作者之间的区别。

英特尔总裁安迪·格鲁夫应邀对加州大学伯克利分校的毕业生发表演讲的时候，曾提出这样一个建议：

“不管你在哪里工作，都别把自己当成员工，应该把公司看做自己开的一样。你的职业生涯除你自己之外，全天下没有人可以掌控，这是你自己的事业。”

从某种意义上来说，做事情的人就是在为钱而工作，而做事业的人却让钱为自己而工作。

为钱工作和让钱为你工作是两种不同的观念，它们产生出两种不同的结果。工作不是目的，钱也不是，它们只是达到最终目的的手段或工具而已。所以，不能为工作而工作，更不能为钱而工作。在工作中不断学习，让钱为你工作是赢家的一个重要秘诀。

美国百万富翁罗·道密尔，是一个在美国工艺品和玩具业富有传奇性的人物。道密尔初到美国时，身上只有5美元。他住在纽约的犹太人居住区，生活拮据。然而，他对生活、对未来充满了信心。18个月内，他换了15份工作。他认为，那些工作除了能果腹外，都不能展示他的能力，也学不到有用的新东西。在那段动荡不安的岁月里，他经常忍饥挨饿，但始终没有失去放弃那些不适合他的工作的勇气。

一次，道密尔到一家生产日用品的工厂应聘。当时该厂只缺搬运工，而搬运工的工资是最低的。老板对道密尔没抱希望，可道密尔却答应了。

之后，每天他都七点半上班，当老板开门时，道密尔已站在门外等他。他帮老板开门，并帮他做一些每天例行的零碎工作。晚上，他一直工作到工厂关门时才离开。他不多说话，只是埋头工作，除了本身应做的以外，凡是他看到的需要做的工作，总是顺手把它做好，就好像工厂是他自己开的。

这样，道密尔不但靠勤劳工作，比别人多付出努力学到了很多有用的东西，而且赢得了老板的绝对信任。最后，老板决定将这份生意交给道密尔打理。道密尔的周薪由30美元一下子加到了175美元，几乎是原来的6倍。可是这样的高薪并没有把道密尔留住，因为他知道这不是他的最终目标，他不想为钱工作一生。

半年后，他递交了辞呈，老板十分诧异，并百般挽留。但道密尔有他自己的想法，他按着自己的计划矢志不渝地向着最终目标前进。他做起基层推销员，他想借此多了解一下美国，想借推销所遇到的形形色色的顾客，来揣摩顾客的心理变化，磨炼自己做生意的技巧。

两年后，道密尔建立了一个庞大的推销网。在他即将进入收获期、每月将会有2800美元以上的收入、成为当地收入最高的推销员时，他又出人意料地将这些辛辛苦苦开创的事业卖掉，去收购了一个面临倒闭的工艺品制造厂。

从此，凭着在以前的工作中学到的知识和积累的经验，在道密尔的领导下，公司改进了每一项程序，对很多存在的缺点进行了一系列调整，人员结构、过去的定价方式都作了相应的变化。一年后，工厂起死回生，获得了惊人的利润。5年后，道密尔在工艺品市场上获得了极大的成功。

如果是一个纯粹为做事而工作的人，他绝不会放弃日用品和推销员的职位的，正是一颗想要做事业的心，成就了道密尔。

一位著名的企业家说过这样一段话："我的员工中最可悲也是最可怜的一种人，就是那些只想获得薪水，而其他一无所知的人。"

同一件事，对于工作等于事业者来说，意味着执著追求、力求完美。而对于工作不等于事业者而言，意味着出于无奈不得已而为之。

当今社会，轰轰烈烈干大事、创大业者不乏其人，而能把普通工作当事业来干的人却是凤毛麟角。因为干事业的人需要有较高的思想觉悟、高度的敬业精神和强烈的工作责任心。

工作就是生活，工作就是事业。改造自己、修炼自己，坚守痛苦才能凤凰涅槃。这应当是我们永远持有的人生观和价值观。丢掉了这个，也就去掉了灵魂；坚守了这个，就会觉得一切都是美丽的，一切都是那么自然。这样一想，工作就会投入，投入就会使人认真。同样，工作就会有激情，而激情将会使人活跃。

有一句话说得好："今天的成就是昨天的积累，明天的成功则有赖于今天的努力。"把工作和自己的职业生涯联系起来，对自己未来的事业负责，你会容忍工作中的压力和单调，觉得自己所从事的是一份有价值、有意义的工作，并且从中可以感受到使命感和成就感。

在一些人眼里，职业仅是谋生的手段。他们身在其中，却无法认识到其价值，只是迫于生活的压力而劳动。他们轻视自己所从事的工作，自然无法投入全部身心。有许多人认为自己所从事的工作低人一等，在工作中敷衍塞责、得过且过，而将大部分心思用在如何摆脱现在的工作环境上了。这样的人在任何地方都不会有所成就。

富人从不在乎职业的高低贵贱，在他们眼里，任何一种职业都不仅是谋生的手段，而是一种与他们的人生命运紧密相连的事业，所以热情高涨，坚持不懈。

对职业表面呈现的地位、权贵等，富人无动于衷。在他们看来，所有职业的运作本质都一样，那些看起来雅致至极的工作，背后经营的手法都差不多。

做事业是会带来丰厚回报的，而做事情是会耗费大量时间和精力的，事情做得越多，越成就不了大事业。

做事业和做事情，差之毫厘，谬以千里。

任何事都可以做的，就看你怎样去做，是把它当一件事情，还是当一项事业来做。其实，每个人都应该有自己的创富计划，有自己的梦想追求，只有这样才能更好地实现自己的计划和梦想。

我们身边就不乏这样的人，他们几乎每年都换一个工作，甚至一年换几个工作。只要每次换工作的收入比现在的公司更高，就会欣然前往。忙忙碌碌这么多年，虽然赚了些小钱，有了点积蓄，生活得到了些改善，可是却一事无成，离脱贫致富的目标还是有很大的距离。

经济上的窘迫会促使人们作出急功近利的现实主义抉择。但一个想有所成就的人一定要在心中弄清楚：自己适合做什么，哪个领域、哪个岗位才是自己终生事业的所在。弄明白这个问题之后，我们就应该选准一行并坚定不移地做下去。也许在开始的时候或某些阶段，经济上的收益并不令人满意，但只要是兴趣所在，这一行真的适合自己，就应该不为眼前利益所动，咬牙坚持下去。

你今天所做的一切，都会成为明天成功的基础，你也会步入一条可持续发展的轨道。如此这般，日积月累，成功是必然的。它可能早一天来，也可能晚一个月到，但无论迟早，它肯定要来。

做事情也许只是解决燃眉之急的一个短期行为，而做事业则是一个终生的追求。

第二章　人脉就是财富

成功需要超强的人脉

关系学是关于人与人之间关系的学问。关系是人的一笔无形资产。关系越多，可开发利用的社会资源也就越多，获得的财富越多。但这个潜在的财富矿藏需要我们精心开发，否则，再值钱的东西在蠢人面前也是一文不值。

有时候，别人办不了的事情，你可能一个电话就非常漂亮地解决了；反之，你费了九牛二虎之力都解决不了的问题，别人可能轻轻松松地搞定了。原因何在？就在于有没有关系，有没有人脉。丰富的人脉是人生的制胜法宝。

1. 兴衰成败源于人脉

人是群居动物。人的成功只能来自于他所处的人群及所在的社会。只有在与他人相处时做到游刃有余，才可为事业的成功开拓宽广的道路。没有非凡的交际能力，免不了处处碰壁。

西方的一位人际关系学专家说过：专业知识在一个人成功中的作用只占15%，而其余的85%则取决于人际关系。美国总统西奥多·罗斯福曾说："成功的第一要素是懂得如何搞好人际关系。"很多成功的商界人士都深深意识到了人脉资源对自己事业成功的重要性。曾任美国某大铁路公司总裁的史密斯说："铁路的95%是人，5%是铁。"所以，你要想成功，就一定要营造一个适于成功的人际关系，包括家庭关系和工作关系。中国有句古话，叫做"家和万事兴"。你与配偶的关系如何，决定了你与子女的关系，而家庭关系给我们与别人的关系定下一样的模式。同样，我们与同事、上司及雇员的关系是我们事业成败的重要原因。一个没有良好的人际关系的人，即使再有知识，再有技能，那也得不到施展的空间。对此，美国商界曾做过领导能力调查，结果显示：

（1）管理人员的时间平均有 3/4 花在处理人际关系上。

（2）大部分公司的最大开支用在人力资源上。

（3）管理所订计划能否执行与执行的成败，关键在于人。

可见，任何公司最大、最重要的财富是人。在我们中国，关系更为重要了。如果你想获得事业的成功，尽早建立自己的关系网吧！如果你的人脉上有达官贵人，下有平民百姓，那么，当你有喜乐尊荣时，有人为你摇旗呐喊，鼓掌喝彩；当你有事需要帮忙时，有人为你铺石开路，两肋插刀，这样你就能感到关系的力量！

2. 人脉是你事业发展的情报站

在这个信息发达的时代，拥有无限发达的信息，就拥有无限发展的可能性。信息来自你的情报站。情报站就是你的人脉网。人脉有多广，情报就有多广。这是你事业无限发展的平台。

一个人思考的时代已经过去了，建立品质优良的人脉网为你提供情报，成了决定工作成败的关键。环绕我们四周的多半是共同寻乐和有利害关系的朋友，和他们交往虽然愉快，关系却不能长久。我们很容易分析得出结交朋友的过程，总不外因为某种缘分与别人邂逅，对对方产生好感，然后开始进行交流，于是进入“熟识”阶段。觉得朋友有趣或相处愉快，通常都在这个阶段。熟识之后，开始有一种共患难的意识，彼此间产生友谊。认为朋友会对我们有帮助，通常也是在这个阶段。这个阶段的友谊，联系性强，彼此间也容易产生超过利害关系的亲密感。说得更具体一点，交往的本质其实也就是互相启发和互相学习。彼此从不断摸索中逐渐改变、逐渐成长，建立起稳固而深厚的友情。在我们的工作和生活中，可以作为智囊的朋友，大抵可分为以下三类：

第一类：提供我们有关工作情报和意见的，称为“情报提供者”。这种人大都从事记者、杂志和书籍的编辑、广告和公关工作，即使你不频频打扰，对方也会经常提供宝贵的意见。

第二类：提供我们有关工作方式和生活态度的意见，称为“顾问”。这种人多半是专家，甚至是本行内的第一人，我们可以把他们视为前辈或师长。

第三类：与工作无直接关系，称为“游伴”。原则上不是同行，通常是我们在参加研讨会、同乡会和各种社团认识的，有些也是“酒友”。他们不但可以是“后援者”，有时甚至是我们的“监护人”。

人脉资源越丰富，你的机会也就越多；你的人脉档次越高，你的机会就来得越快、越多。这已是有目共睹的事实。人脉犹如储量巨大的油田，一旦得到开发，你将名利双收。

3. 人脉就是钱脉

人脉并不是一种可以直观看到并能够衡量的物质资源，可没有它，就很难聚敛财富。即便你是一个拥有扎实专业知识且彬彬有礼的君子，同时可能还具有雄辩的口才，却也不一定能够成功地促成一次商谈。但如果此时出现一位关键人物给予协助，相信你的商谈一定会变得完美无缺。人脉资源越丰富，赚钱的门路也就越多；人脉的档次越高，钱也就来得越快、越多，这已经是一个有目共睹的事实。

“人缘”无法像珠宝店里的珍珠一样明码标价，因为它是看不见摸不着的东西。“良好人际关系”的含金量究竟有多少呢，只能说再珍贵的珠宝也无法与它相提并论。你不妨试着广结善缘，让好人缘来帮你凑足财运，有了这个上上之策，你就不会再苦于自己没有发财致富的运气了。

没有丰富的人际资源，就很难聚积财富。我们不难发现，缺少财运之人，其朋友往往非常少，而财运亨通之人的朋友却遍布天下。财运亨通之人因为有了丰富的人际资源，所以才拥有了巨大的财富。

十几年前来自河南乡下的李扬帆，如今生意已经做到了国外，固定资产超过千万。他是如何赢得了如此多财富的呢？用他自己的话说就是：“我之所以有今天的成就，靠的全部都是朋友的帮助。”的确，是人脉造就了他这个千万富翁。

为了可以随时认识更多的朋友，他随身带着自己的名片。他说：“哪天要是出去没有带名片，我会浑身不自在，就像自己出门没有带钱一样。”这是李扬帆积累人脉最初的方式。

李扬帆平生最信奉的准则就是“得关系者得天下”。在他的眼里，那些左右逢源、四通八达、做生意没有谈不成的人，都是善于经营人脉的高手；而一旦丧失了这些宝贵的人际关系，任何人都会如履薄冰，寸步难行，就像被武林高手点了死穴般，走投无路、四面楚歌，既动弹不得，又奈何不了，心中满是焦虑和窝火。所以，直至今日，李扬帆先生依旧天天忙着广积“人脉”。

不要再抱怨自己的财运不好，事实上不是因为你财运不好，而是你的人缘不够好。聪明的生意人都是非常善于储备人脉资源的。

世界销售大师乔·吉拉德说过：“一个人的一生出现在你婚礼或是葬礼上的人数大概有 250 个左右，而这 250 个人就是你这一生最重要的人脉。”也就是说，我们每个人一生中至少都可以拥有 250 个朋友。你若可以通过一生的努力把这 250 个朋友照顾好，分类维系好与这 250 个朋友的关系，那么只要每个人再帮你介绍他的 8 个最好的朋友（据调查，在人生的任何一个阶段，与其关系最好的朋友都会保持在 8 个左右），你就能有多达 2000 个朋友。然而，如果我们没有经营好与这 250 个朋友的关系，也就没有办法以此认识更多更好的朋友。所以，用心经营与朋友间的关系是人脉变成“钱脉”的关键。

总之，生活在这个世上，你可以没有知识、没有背景、没有机会……但是从现在开始，你必须去铸造一块通往财富金殿的通行证——人脉。人脉，本身就是一种无形的资产，一笔潜在的财富。经营维护有效、丰富的人脉关系，无疑就等于拥有了一把打开财富金殿之门的金钥匙。

人脉让我们了解自己、了解社会、了解人生

每天早上，人们都会在镜子面前打扮自己，左照右照看看是否打扮得体。人际关系的作用，有时就像出门前的镜子。如果你花了几个通宵完成了一份计划书，你一定非常想知道它能否被公司董事会接受。但是谁能够在你走进董事会圆桌会议室之前，给你一个非常准确的忠告呢？

此时你就可以利用你的人际关系，邀请一个懂行的而且见解深邃的朋友来家里，阅读你的计划书，请他为你提出建设性的意见。你的朋友一定会认真看完你的草稿，并提醒你哪里写得还不清楚，哪里出现了自相矛盾的地方，他会从一个旁观者的角度，发现你想不到的错误。你的朋友也许还会告诉你，这个计划书最精彩的部分是哪些。

难道你不需要这样的朋友吗？这样的朋友只会来自你的人脉网络，不管你是因为计划书需要讨论，还是是否应该去找老板谈加薪的问题，或者你有更大的事情需要做出决策，人际关系中的朋友都可以做你的最忠实的咨询者。他们可以帮助你出许多主意，告诉你哪些是错误的做法，哪些是正确的行动。

如果从另外一个角度去思考问题，假如被咨询的是我们自己的话，你也许更能从你的角度去提出建议，因为此时你是在观众席上，而主角却是你的朋友。人们在社会生活中，会形成形形色色的人际关系。加入一个网络，并在网络中扮演好自己角色，是搞好人际关系的基础。

一旦我们加入了某个网络，我们在新朋友的帮助下，能比较迅速地扩展自己的眼界，获取新的知识，以前在我们身上存在的缺点，也会被人脉网络内的朋友及时地发现，使我们最快地得到纠正。依靠朋友，我们不但可以发现自身的毛病，而且能看清竞争对手。在竞争的社会，我们必须尽快地发现竞争对手的动向。在你正全神贯注地工作时，谁能告诉你，你的一个业务员正准备背叛你呢？谁能帮助你抵制关于你的谣言呢？只有你的人脉网络。

相信任何人都不想成为最后知道消息的人，但是，有许多重要的信息，并没有一个正规的传播渠道，而是来自四面八方，来自你的人脉网络。也许你的人脉网络里有亲戚、朋友、业务关系、律师、客户、员工、司机，他们

一定会告诉你原汁原味的内部消息，使你在决策中不会产生盲点。

不要随便对任何一个人表示厌恶的情绪，因为，你根本就预计不到有朝一日会跟他做生意，或者你急需的情报资源恰巧存在他的身上。无论你对他感觉如何，你也很可能在将来用得着他。

人脉是你的一面镜子。“以铜为镜，可以正衣冠；以人为镜，可以明得失；以史为镜，可以知兴替。”人脉资源的第一层意义，便是从人与人的交往中学习，从人脉资源中获得一种人生资源。在与人交往中，我们可以做到：

1. 了解自己

一般人都爱犯一个毛病，就是自以为最了解自己。事实上，我们对自己的所知极为有限，几乎无法具体地描述自己的个性、能力、长处和短处。当你以为“这就是真正的自己”时，通常只看到“有意识的自我”和“行动的自我”，而这些都只是自我的一部分而已。

我们很难掌握自己，唯一的办法只有拿自己与周围的人比较，或者从人的交往中逐渐看清楚别人眼中的自己；有时候必须在多次受到长辈的斥责和朋友的规劝之后，才能恍然大悟，掌握到真实的自我。除非有别人作为镜子，否则你永远不会知道自己是什么样子。

2. 了解社会

我们习惯于从日常生活中了解这个社会，别人的生活经验、书报杂志和传播媒介也可以帮助我们了解社会。可是从生活体验中捕捉到的社会毕竟太狭窄了，就如坐井观天一样，使我们难以做出准确的判断。报纸和其他传播媒体所提供的也只不过是一张“地图”，光靠这张地图，当然掌握不到全部的活生生的现实。像这样经由片面的个人经验塑造出来的世界观，会随着人脉资源的扩大，慢慢得到修正。

简单地说，只有与人交往才有可能掌握真正的现实社会，进而扩大自己的世界观。

3. 了解人生

我们的一生中，无时无刻不在受着他人的影响，这些人可能是父母亲友，也可能是自己的上司和同事。从他们身上，我们不仅可以看到自己，还能了解整个社会，同时也因为他们的生活态度而认识人生。人脉是一面镜子，通过它可以从四周的人身上学到很多东西，对于启发灵感及增长智慧不无帮助。

人情越多，红利越多

人是有感情的动物，在人际交往中重视情感投资，就是聚积信任度，保持和加强亲密互惠的关系。只要你在人情的账户上储蓄，在你遇到困难、需要帮助的时候，就会有朋友来帮助你。

1. 人情像银行里的存款

送人情就好像你在银行里存款，存得越多、存得越久，红利越多。

你送朋友一个人情，朋友便欠了你一个人情，他是定要回报的，因为这是人之常情。

钱钟书先生一生日子过得比较平和，但困居上海写《围城》的时候，也窘迫过一阵。辞退保姆后，由夫人杨绛操持家务，所谓“卷袖围裙为口忙”。

那时，学术稿没人买，钱钟书写小说的动机里就多少掺进了挣钱养家的成分，但他一天500字的精工细作，却又绝对不是商业性的写作速度。就在钱钟书难以为继时，黄佐临导演了杨绛的四幕喜剧《称心如意》和五幕喜剧《弄假成真》，黄佐临及时支付了稿酬，才使钱家渡过了难关。

时隔多年，黄佐临之女黄蜀芹导演之所以独得钱钟书亲见，开拍电视连续剧《围城》，是因为她怀揣她父亲黄佐临一封亲笔信的缘故。钱钟书是个别人为他做事他一辈子都记着的人，黄佐临40年前的义助，钱钟书40年后还不忘回报。

俗话说“在家靠父母，出门靠朋友”，多个朋友多条路。要想人爱己，必须先爱人。每个人都应时刻存有乐善好施、成人之美的心思，才能为自己多储存这些人情的“债权”。就如同一个人为防急用，须养成“储蓄”的习惯一样。

2. 充实自己的人情账户

中国人最讲究量入为出，为了应付某种急需，一般人省吃俭用也要在银行里存一笔钱。因为有了这样一笔储蓄，心里就踏实，就可以在关键的时候拿出来抵挡一阵。同样的道理，要想在急需的时候，你的关系网能够用得上而且管用，也要注意在你的人情账户上搞好储蓄。

如果你的人情账上没有什么储蓄，那么到需要用时，也就无账可用了。说不定求人时账上还要出现负数，欠别人的情和债。

只有平时乐于帮助人、主动帮助别人，你的人情账户上的储蓄才会越来越多、越来越够用。

充实自己的人情账户，“先存再提”说来有些现实，有利用、收买的味道，但若从另一个角度来看，和别人建立良好的人际关系本来就有这样的好处，不能光用现实的眼光来看。而这些人际关系，必成为你一生中最珍贵的资产，在必要的时候，会对你产生莫大的效用。就像银行的存款，一笔笔地存进去，有急需时便可派上用场。而别人对你善意的回报，有时是附带“利息”的。

3. 人情是笔财富，不可滥用或透支

有个人主编某文学杂志，由于杂志的收益并不丰裕，不仅人手少，稿费也不高，但他又不愿意因为稿费不多而降低杂志的水准，于是他开始动用人情向一些作家邀稿。这些作家和他都有过交情，但其中一位在写了数篇之后坦白地向他说：“我是以朋友的立场写稿

的，但你们稿费太低了，错不在你，可你这样做是在透支人情。”

朋友之间总会有些人情的，有些人便喜欢用人情来办事，但人情是有限量的，好像银行存款那般，你存得越多，可领的钱就越多；存得越少，可领的就越少。你若和别人只是泛泛之交，你能要他帮的忙就很有限，因为他没有义务和责任帮你的忙，你也不可能一次又一次要他帮你的忙，这是因为你的人情存款只有那么一点点，如果你要求得到更多回报，那就是透支了。

透支的结果如何？一般会出现两个结果：一是你们之间的感情转淡，甚至使他对你避之唯恐不及，有可能进一步发展的情分就此了断。二是你在他眼中变成不懂人情世故的人，这对你是相当不利的。

然而，一个人做事不可能单打独斗，有时要用到亲戚朋友，换句话说，要动用到人情存款，那么，要如何动用才不至于“透支”呢？在生意场上使用人情要注意以下几个原则：

（1）弄清楚你和对方的情分如何，再决定是不是找他帮忙。

（2）如果能不找人帮忙就尽量不找人帮忙，把人情用在刀刃上。

（3）动用人情的次数尽量要少，以免提早地把人情用光。

（4）要有适度的回馈，也就是还人情。

（5）就算对方曾经欠过你的情，你也不可抱着讨人情的心态去要求对方帮忙。

（6）斤斤计较的人，你们交情再深，也不可轻易找他帮忙，否则这人情债会像向地下钱庄借钱那般，让你付出更多的代价去偿还，这样就会得不偿失了。

如果你不了解人情的使用原则，动辄找同学、朋友帮你的忙，那么你就会发现，你慢慢变成了不受欢迎的人，当然也有主动帮你忙的人，但切勿认为这是天上掉下来的，你若无适度的回馈，这也是一种“透支”。

借助贵人之光照亮“钱”程

胡雪岩初入官场，就立刻认定走官商之路是他的唯一选择。当时，晚清时期的商业尚处于初级阶段，再加上清朝官场的腐败，商人如果不寻找官场靠山的话，根本不可能有大的作为。于是他挖空心思，先是结交了王有龄，后又结识了左宗棠、文煜、宝鋆等权贵。在为自己寻找到可靠的靠山的同时，辗转腾挪，大发其财，成为晚清赫赫有名的“红顶商人”。

其中，投靠左宗棠借助左的势力照亮“钱”程是胡雪岩的又一大手笔。

当初，胡雪岩依靠王有龄的势力生意越做越大，一片坦途。然而天有不测风云，同治元年（1862年），太平军围攻杭州，王有龄守土有责，被围两月弹尽粮绝。胡雪岩受托冲出城外买粮，然而却无法运进城内。王有龄眼见回天乏术，上吊自杀。

胡雪岩闻此噩讯，当即眩晕过去。醒来后，号啕大哭。胡王两人相交二十余年，无论是王有龄在官场上，还是胡雪岩在商场上，绝大多数的大事都是两人共同谋划、互相帮衬，可如今一人死于非命，一人苟活人世。再说胡雪岩之生意，得力于王有龄，尤其是处在这种乱世，没有一个可以靠得住的官场靠山，凭什么成事呢？如今王有龄已去，大树倒矣，又岂能不悲伤。

王有龄的死，使胡雪岩在生意上一蹶不振，这给他本来就伤痕累累的心灵又增添新的伤痕。难道胡雪岩从此就完了吗？许多人心里都有这样的疑虑。如果胡雪岩是一般的凡夫俗子，或许从此沉浸于悲伤之中而不能自拔，或许在沉重打击下永远站不起来。然而，胡雪岩毕竟非一般人可比，他能有今日之成就，就在于他虽是至情至性之人却能忍常人之所不能忍，他历经千辛万苦建立起来的庞大基业，怎能让它轻易地倒下去呢？

已踏上“官商”之路的胡雪岩，不可一日没有官场靠山，他很快便抛开悲痛，冷静地观察时局，分析生意失利的原因，发现自王有龄死后，浙江商界有些人欺他无人撑腰，在货源、销售、生产上开始排挤他。心想在这种乱世，生意人仅靠自身的力量，而没有官场势力的保护，要想成事实在太难了。可环顾官场，哪一个人又能在生意上给他帮助，成为可以依靠的靠山呢？

就在这年秋天，闽浙总督左宗棠带兵从安徽出发，一路稳扎稳打，太平军溃不成军。很快，左宗棠便收复了杭州。正在上海观望的胡雪岩听到这个消息，万分高兴，连夜从上海赶往杭州。

为了寻找新的官场靠山，最初胡雪岩将目光投向了杭州藩司蒋益澧，觉得蒋益澧为人倒还憨厚，如果结交得深了，便是第二个王有龄，将来定会言听计从、亲如手足，那就比伺候因脾气大出了名的左宗棠，痛快得多了。可通过交谈胡雪岩发现，蒋益澧谨慎有余，远见不足，不是一个可以成大事的人。再说胡雪岩从蒋益澧手下何师爷嘴里了解到：左宗棠对蒋益澧，不可能像何桂清对王有龄那样，提携唯恐不力。一省的巡抚毕竟是个非同小可的职位，除非蒋益澧本身够格，而左宗棠又肯格外力保，看来浙江巡抚的大印，不会落在蒋益澧手里。既然如此，唯有死心塌地，专走左宗棠这条路子了。那么该如何降服左宗棠这头“湖南骡子”呢？

胡雪岩能够取得左宗棠的信任，其实只做了两件事：

第一件事，就是献米、献钱。

胡雪岩得知左宗棠急需粮食后，心里就在筹划着如何帮助左宗棠解决粮食问题，以解眼下之急。他迅速到上海筹集了一万石大米运回杭州。

几天之后，正在为粮食问题犯愁的左宗棠，突然接报，说江中有数艘英国粮船。左宗棠听后大为动心，无奈洋人势大，又不敢强征，想拿钱去买，军饷尚未筹足，哪有买粮钱？

突然有人报，说胡雪岩求见。左宗棠一听，很是迷惑，胡雪岩找他会有什么事呢？连声道，请他进来。

胡雪岩走进来，见过礼后，对左宗棠说道：“大人，雪岩近日筹集粮米一万石，请大人笑纳。”

“一万石！”左宗棠吃了一惊，这个数目可是不小，胡雪岩哪来的如此神通？不过，这些都是小事，关键是这一万石粮食在什么地方？

胡雪岩告诉他，江中的英国船队，运的正是这批粮食。

左宗棠一声欢呼，马上命令军队上船取粮。这一万石大米真是雪中送炭，不仅救了杭州，而且对左宗棠肃清境内的太平军也助了一臂之力。左宗棠捋着花白的胡须，连日紧皱的双眉终于舒展了。

第二件事，就是主动承担筹饷重任。

粮食的问题得到解决，但军饷还没有着落。军饷像重担似的压在左宗棠的心上。由于连年战争，国库早已空虚。两次鸦片战争的巨额赔偿犹如雪上加霜，使征战的清军军费自筹更为困难。左宗棠见胡雪岩如此机灵，于是请胡雪岩为他想法筹集军费。胡雪岩一听，每月要筹集二十万两的军费，感到非常棘手，但他认为如果能够顺利筹集，左帅对自己会加倍信任。胡雪岩经过一番深思熟虑后便把自己的想法全盘告诉了左宗棠。

原来，太平天国起义十年来，不少太平军将士都积累了很多钱财，如今太平军败局已定，他们聚敛的钱财不能带走，应该想法收缴。但由于这些太平军不敢公开活动，唯恐遭到逮捕杀头，便常常躲藏起来。胡雪岩认为左帅可以闽浙总督的身份张贴告示：令原太平军将士只要投诚，愿打愿罚各由其便，以后不予追究。

左宗棠觉得，这确实是个好办法，既能收集钱财，又能笼络人心，一箭双雕。但如此做法还没有先例，如果处理不周，后果不堪设想。左宗棠将心中的顾虑和盘托出，胡雪岩忙出妙策。他的理由是：太平军失败后，很多人都要治罪。但人数太多株连过众，又会激起民愤，扰得社会又不安宁。这与战后休养生息的方针背道而驰。最好的处置就是网开一面，给予出路，实行罚款，略施薄刑，这些躲藏的太平军受罚后就能够光明正大地做人，当然愿罚，何乐而不为。

左宗棠对胡雪岩的远见卓识钦佩不已，当即命胡雪岩着手办理。

回去后，胡雪岩立即着手，张贴布告，晓之以义。不多久，逃匿的太平军便纷纷归抚，一时四海闻动，朝廷惊喜。借助这一机会，阜康钱庄也得利不少，胡雪岩更是四品红顶高戴，成了真正的“红顶商人”。

通过这次事，左宗棠既了解了胡雪岩的为人，又了解了他办事的手段，知道这确实是一个难得的人才，于是倾心接纳，倚之为股肱，两人很快成为知己。胡雪岩自然找到了比当初王有龄、何桂清更大的靠山。

回头看胡雪岩结交左宗棠的过程，主要有三个因素：

（1）事先准备。胡雪岩在决意拉拢左宗棠这座大靠山之时，已经通过各种渠道对左氏有了透彻的了解。他知道左宗棠是“湖南骡子”脾气，倔犟固执，难以接近。他也知道左宗棠因功勋卓著，颇为自得，甚喜听人褒扬之词。他也对左宗棠与曾国藩李鸿章之间的重重矛盾了解得很透彻，建立在这些了解之上，他才能打一场有准备之仗，使得言辞正中左氏的下怀。

（2）善急人之所急。光说不做是不行的，胡雪岩打动左宗棠还体现在他的行动上。他解了左宗棠的燃眉之急，为他做好了两件事：筹粮与筹饷。这两件事对左宗棠来说都是迫在眉睫的，现在胡雪岩主动地为他去掉了两块心头之病，当然也就换取了他的感谢和信任了。

（3）最重要的还是胡雪岩本人的真才实学。胡雪岩结交官场自有一套，或以财取人、或以色取人、或以情取人，然而这些对左宗棠而言都是不起作用的。左宗棠贵为封疆大吏，区区小惠根本不放在眼中，若是胡雪岩只是一个有意拉拢的庸人，左宗棠早就三言两语打发掉他了。而左宗棠之所以器重他并引为知己，还是因为胡雪岩有过人的才学，能助他一臂之力，是一名不可多得的人才。所以，他才愿意在胡雪岩的生意中加以援手，因为他知道，两人是互惠互助的关系。

凭着左宗棠的支持，胡雪岩的生意不仅在战乱之后得以迅速全面地恢复，而且也越做越顺、越做越大。到左宗棠西征新疆前后，他以“红顶商人”的身份，为左宗棠创办轮船制造局，筹办粮饷，代表朝廷借“洋债”，开始了与洋人的金融交易。到这时，胡雪岩才真正如履坦途，事业也终至如日中天、盛极一时了。

有句话说“七分努力，三分机运”。我们一直相信“爱拼才会赢”，但偏偏有些人是拼了也不见得赢，关键就在于缺少贵人相助。

现代社会所认为的“贵人”，并不仅仅是指那些名门望族、皇亲国戚、权重势强的权贵之人，而是在内涵上加以扩大发展，通常是指在层级组织中职位比你高且能帮助你晋升的人。

有了贵人相助，的确对个人的事业有助益。有一份调查表明，凡是做到中、高级以上的主管，有90%受过栽培，至于做到总经理的，有80%遇到过贵人，自当创业老板的，竟然100%都曾被不同等级、不同领域、不同身份的贵人提携与扶助。

话虽如此，但贵人是否肯助你，还要看你能否达到他的标准，即要考察你的能力、素质等。俗话说，“师父领进门，修行在个人”。如果你一无所长，却侥幸得到一个不错的位置，那么，你的后面肯定会有一堆人等着想看你的笑话。毕竟，“千里马”的表现好坏与否，代表“伯乐”的识人之力。找到一个扶不起的阿斗，对贵人的荐人能力，也是一大讽刺。

善借人气，财气势如虹

处理与协调人际关系是创富活动的重要组成部分，它常常要花费经营者的许多精力，有时甚至严重困扰经营者。如何提高处理人际关系的艺术已为越来越多的经营管理者所重视。营造良好的人脉资源，已成为现代企业一个不可或缺的要素。

不同的人脉资源，会引起不同的情感体验，人与人之间，由于满足了各自的需要，就会产生亲密关系，双方就感到心情舒畅，反之则会疏远、矛盾甚至敌对。前者有利于各自事业的发展，而后者则必然影响或阻碍各自事业的发展。

现代创富理念是：善借人气，点旺财气。善借人气即指恰当和谐地处理和利用来自上、下、左、右、前、后的各种人际关系，包括善于借用名人的声望、地位。

人们总是有这样的心理，名人生活的环境是非凡的地方，与名人有联系的必定是不一般的，基于这种心理，人们纷纷追逐、效仿名人，所以与名人沾边的东西也就容易成为抢手的东西。

美国一出版商有一批滞销书久久不能脱手，他忽然想出了一个主意：给总统送去一本书，并三番五次去征求意见。忙于政务的总统不愿与他多纠缠，便回了一句："这本书不错。"出版商便借总统之名大做广告，"现有总统喜爱的书出售"，于是，这些书一抢而空。不久，这个出版商又有书卖不出去，又送一本给总统，总统上过一回当，想奚落他，就说："这书糟透了。"出版商闻之，脑子一转，又做广告："现有总统讨厌的书出售"，不少人出于好奇争相抢购，书又售尽。第三次，出版商将书送给总统，总统接受了前两次的教训，便不作任何答复，出版商却大做广告："现有令总统难以下结论的书，欲购从速。"居然又被一抢而空，总统哭笑不得，商人却借总统之名大发其财。

无独有偶，飞鸽自行车也曾巧借美国总统及夫人的人气，而名扬世界。

1989年天津自行车厂听说美国总统和夫人即将访华，经调查了解到，1974～1975年，布什担任美国驻中国联络处主任时，和夫人巴巴拉经常骑着自行车穿行于北京的大街小巷。从他们俩在金水桥拍摄的照片看，布什骑的是凤凰男车，而布什夫人骑的那辆女车就是天津自行车厂生产的飞鸽牌。于是该厂大胆向有关部门建议，策划出一个向布什总统和夫人赠送飞鸽自行车的奇招。为此，职工们抓紧时间，特意加工装配了一辆绿白色的83型男车和一辆红白过渡色的84型女车。这种车是他们1988年年底才研制出来的新品种，造型佳、重量轻、骑行轻便，经质量鉴定测试达到国家规定的ISO421的安全标准。

1989年2月25日下午，布什总统和夫人抵达北京后，在钓鱼台国宾馆18楼大厅里，李鹏总理和夫人把两辆色彩明快的轻便飞鸽车作为国礼赠送给布什总统和夫人，布什夫妇非常高兴，连声说："好极了！好极了！"世界各大通讯社和一些著名报刊对这一新闻极为重视，用十几种文字进行报道。新华社也向国内外发了消息和通信，借此使飞鸽自行车名扬世界。

世界上有不少产品都是这样，默默无闻地存在了许多年，偶然一次经名人推崇、使用，便身价倍增，名扬海内外。这些产品的功能，在名人使用以前已经存在，并非是在名人使用时提高的，为什么同一产品在这前后身价就大不一样呢？这是借助名人权威的缘故，借名人作了广告、宣传，树起了威信，提高了自己的身份。

在普通人的思维中，有这样一种心理习惯：名人推崇、赞赏的东西，质量、性能也一定过硬，无须再去怀疑、等待、考验，同时社会上也存在一种模仿名人的风气。名人用什么，我也用什么；名人穿什么，我也穿什么。名人用过的东西，不但能引起人们的重视、青睐，而且很可能在社会上引起购买热。所以借名人来扬名，是创造商机的一条捷径。

经商最好不要单打独斗

清朝晚期著名的"红顶商人"胡雪岩虽然文化不高，但却善于观察人的心理，把士、农、工、商等阶层的人都拢集起来，以自己的钱业优势，与这些人协同作业。

他与漕帮协作，及时完成了筹集粮食的任务；他与王有龄合作，不仅使王有龄在官场上飞黄腾达，也使自己的生意有了官方支持。如此种种的互惠合作，使胡雪岩从一个小学徒工变成了一个执有江南半壁钱业的大商人。

在商言商，胡雪岩明白互助互惠的道理，因此他设法联络同行。湖州南浔丝业“四象”之一的庞云缯就是胡雪岩过从甚密的朋友。鸦片战争以后，列强把中国当做农副产品和工业原料的供应地，南浔居湖丝大量外销，胡雪岩在同治年间也开始做丝生意。胡雪岩是钱庄出身，对丝业是外行，于是他寻求与居湖丝产地、对生丝颇为内行的庞云缯合作。两人携手，资金充足，规模庞大，从而在丝业市场上迅速形成气候。胡雪岩也因此得以成为当时的丝业巨擘，专营出口，几乎垄断了整个出口市场。

合作是互惠的，胡雪岩做丝生意得到庞云缯的帮助，反过来他也向庞云缯传授了经营药业的经验，后来庞氏在南浔开了镇上最大的药店——庞滋德国药店，与设在杭州的胡庆余堂关系密切。

胡雪岩能够挣钱，很大一部分是得自同行同业的真心合作，他的每行生意都有极好的合作伙伴，而几乎每一个合作伙伴都对他有一个懂门槛、够意思的评价。在他赚了钱之后，也时刻不忘记对同行、特别是对下层商人的提携。

自己力量是有限的，这不单是胡雪岩的问题，也是每个生意人的问题，但是只要与人合作，就可以取人之长补己之短。这样一来，互惠互利，就能让合作的双方都从中受益。

华帝热水器的创业群体被人称为是“七星北斗阵”，7 个从小一起长大的朋友都来自广东中山市小榄镇的农民家庭，他们在一起树起了合伙经商的大旗。

1991 年底，邓新华、黄文枝、潘权枝、李家康、黄启均、杨建辉、关锡源 7 位老朋友偶然间聚到一起，此时，每个人的事业虽然都小有成就，没有生存的压力，但却有发展的苦恼，他们商量着日后的发展大计。开燃气用具配件加工厂的黄文枝说：“我最近一年给几家燃气灶具生产厂提供配件，每个月的要货量都在大幅递增，这说明生产灶具是有利可图的。”大家一听便都来了兴趣。

1992 年 4 月，7 个人一致推举邓新华为董事长，黄文枝为总经理，将企业更名为中山华帝燃具有限公司。7个人都没有读过大学，最高也就高中毕业，开始时他们遵循“各尽所能，各取所长”的基本原则，进行了合理的简单分工，每个人兼任一个部门的经理。同时，他们实行民主集中制，在重大决策问题上，7个人中有4个人赞成即算通过，彻底杜绝了个人独裁决策的失误，从制度上保证了华帝的健康发展。如今华帝气派典雅的高品位形象得到了消费者认同，在热水器市场拥有了一定的份额。

朋友、老乡、同学是商业经营最重要的外部资源，合作经商，共同发展，这样的例子有很多。

何伯权、杨杰强、王广、李宝磊和彭艳芬是被饮料行业界称为“四龙一凤”的“黄金组合”。1989年，在广东中山市小榄镇，这5个年轻人租用“乐百氏”商标，开始了白手起家艰苦创业的历程。其间，公司曾更名为今日集团，后通过收购广州乐百氏公司而重新更名为乐百氏集团。

做生意不能单打独斗，无论是赚大钱还是赚小钱，都要广交朋友。就好像十八般兵刃，到时候说不定就用上了哪般。朋友犹如资本，多多益善。不同的朋友能给你带来不同的启迪，拓展你的思维，开阔你的眼界，给你带来意想不到的惊喜和回报，帮助你在不同行业里顺利地赚取财富。

借助同人之力，共谋大事

巧妙地利用同人的力量，也是经商策略中的一种。如果一个人资本不足，各方面的条件都还欠缺，那就应该寻找“同人”，集众人的智慧与财力，使自己经营的事业变得更大，更具竞争力。

曾经名噪一时的香港房地产业新鸿基企业有限公司，就是依靠同人的力量才取得了巨大的成功的。

新鸿基企业有限公司来源于1958年“香港商界三剑侠”组合的“永业企业公司”。所谓“香港商界三剑侠”指的是三位在经营上都取得了重大成就的企业家，即地产巨子郭德胜、证券大王冯景禧和华资探花李兆基。他们在20世纪50年代看好香港的房地产业，但又缺乏单独作战的实力，于是经过协商而“誓师结义”，提出一个同人企业的基本纲领来，这就是他们所说的“同心协力，进军地产，你发我发，大家都发”。

当时英国殖民政府是把“官地”用“官契”形式批租给公民使用，公民只要交了租金，如何使用土地，政府基本上不问，这样任何人只要能租到土地，就可以获得转租土地使用的利润。香港地少人多，各业兴旺发达，土地转租的利润越来越高。因此，从1950年起，冯景禧开始与人合伙购买土地官契，进入房地产领域，到1958年，他已经积累了不少经验。郭德胜来找冯景禧，确实是找到了一个行家里手。

李兆基经过对香港的实业进行了多方面的考察，认为进入房地产领域是最佳选择。这时，郭德胜与冯景禧请他加入“永业企业公司”，并担任公司的总经理。

“永业企业公司”以“三剑侠”为核心再伙同另外5位股东开业，首先以买入沙田酒店表现出不同凡响的手腕。郭德胜老谋深算，冯景禧精通财务，李兆基胆大心细，三人上阵，可以说是珠联璧合。他们三位后来都是进入香港十大富豪行列的企业家，能够在一家公司共同奋斗，算得上是香港现代经济史上的一段佳话。

由于起家时资金有限，最初的经营方式是以低价买进旧楼，拆掉重建，再伺机收购一些无人问津却又有发展潜力的土地，进行转手买卖，并且制定了“分层出售，十年分期付款”的营销政策，赢得了用户的信任。

5年下来，虽然没有大发，却为后来的大发奠定了基础。在已经看到了前景的情况下，“三剑侠”决定亮出自己的旗号，他们“甩掉”其他股东，重新组合了“新鸿基企业有限公司”。“新”字源于冯景禧的“新禧公司”中的“新”字，“鸿”字源于郭德胜的“鸿昌合记”的“鸿”字，“基”字干脆取自李兆基的名字。对“永业”向“新鸿基”改组一事，香港舆论界后来评论说：“我们可以想象，他们从‘永业’开始三人联手，生意做得很顺，否则的话不会五年后继续合作。”其实，“三剑侠”得以继续合作，主要原因还不在于生意做得顺，而是三人在这五年内感受到同心协力的成果和愉快。他们可以“甩掉”其他“永业”股东，说明他们是精明的企业家，审时度势后可以迅速做出决断；而且他们一开始就立下自己成就大业的志向，找来可以共谋一件大事的同人，如同《三国演义》中十八路诸侯联军讨董卓，是在各自力量不足的情况下，选择一个大家都能接受的定向目标作为合作的基础，当这个目标实现或者实践证明不能实现时，合作便必须中止，不应受其他因素的干扰。这也是他们仿效“桃园结义”的办法组建公司，经营产业，却也不为传统的政治体制观念所束缚的务实态度的体现。

“三剑侠”得以继续合作，是他们认为在前进的道路上还会有风浪，只有靠三人继续同心协力，才能闯过险滩。否则，他们不会等到1972年才协议分手。“新鸿基”创业的十年，是“三剑侠”以“桃园结义”精神合作奋斗的十年，据说三人都是全身心投入，每人每天都要工作15～16小时，他们说那时是相互比赛“苦干”，这或许也是“新鸿基”得以成功的原因之一。

同人之间相互合作、共同努力，在借助别人优势的同时，也弥补了自身的不足，壮大了自己的力量，为事业的成功奠定坚实的基础，达到了一加一大于二的影响和效果。借助同人之力，共谋大事，是一个生意人走向成功的捷径之一。

1. 挑选伙伴不糊涂

商场是一个唯利是图的地方，作为生意老手必须在经营过程中掌握其中的全部诀窍，但仅仅如此还是不够的，生意场上的那种尔虞我诈更是要时时防备，因此，挑选生意伙伴不能糊涂。

20 世纪 70 年代，在录像机的开发上，日本领先于世界。然而那时，如同美国的个人计算机一样，机型规格不一，有的大有的小，录像带有的 1 小时，有的 2 小时，无论是产业界还是消费者都感到不便。1974 年，自认为是音像技术领头雁的日本索尼公司总裁盛田昭夫，找到日本录像机产量第一的松下电器，要求统一录像机规格。1975 年春天，又请松下和有关人员到索尼参观录像时间 1 小时的 BETA 型录像带生产流水线。盛田恳请松下："我们一道来做吧，为了日本，也为了世界。"

尽管盛田两次相邀，但是松下并不表态。索尼开发的是 1 小时盒带，而属于松下电器系列的几个录像机生产厂家，都是开发的 2 小时 VHS 型录像机及盒带，尽管松下盒带的图像清晰度远不如索尼的，但是在消费者中 2 小时的带子比 1 小时的更受欢迎。盒带到底生产 1 小时的还是 2 小时的，松下有自己的考虑。这期间，松下暗中指示属下了解美国人对录像机规格的看法，得到的答复是 2 ~ 4 小时的最好。于是，松下认定 2 小时的规格是最受消费者欢迎的。1976 年 10 月，他指示所属的寿电子公司、胜利公司，并联络日本日立公司，统一采用 VHS 型规格。结果，索尼被蒙骗了两年。盛田昭夫怒发冲冠，在采访的大批记者面前，一向率直、敢说敢为的盛田大骂："有这种混账的事吗？松下是出卖朋友、蹂躏信誉的叛徒！恬不知耻！"而还是这一帮记者去采访松下，已是 82 岁高龄的他，竟平静地作答："做生意就是这样的。"言下之意是生意场上没有朋友，每个人都有自己经营的自由。在这件事上，盛田昭夫确实忽略了商场上的基本法则，天真地要与松下统一生产的规格，相比之下，还是80多岁高龄的松下更为成熟一些。

可见，在挑选生意上的合作伙伴时，一定要睁大双眼，理智从事。

2. 联合虾米可以吞大鱼

“大鱼吃小鱼、小鱼吃虾米”，这是商战中残酷的现实，要想站稳脚跟，壮大自己，不妨联合“虾米”，一起去吞“大鱼”。

组织的力量，实在不能等闲视之。

日本联合超级市场，是以中小型超级市场共同进货为宗旨而设立的公司。就在1973年的石油危机之前，总公司设于东京新宿区的食品超级市场三德董事长——堀内宽二大声呼吁：“中小型超级市场跟大规模的超级市场对抗，要生存下去的唯一途径就是团结。”可是，当时响应的只有10家，总营业额也不过只有数十亿日元而已。但是，现在的日本联合超级市场的加盟企业，从北海道到冲绳县共有255家，店铺数达到3000家，总销售额高达4716亿日元，遥遥领先大荣、伊藤洋华堂、西友等大规模的超级市场。而且，对于超级市场界中，号称巨无霸的大荣超市，日本联合超级市场的业绩是它的2倍。尤其近几年来，日本联合超级市场的发展更为迅速。1982年2月底，联合超级市场集团的联盟企业有145家，加盟店的总数有1676家，总销售额2750亿日元。从第二年起，加盟的企业总数就增加为178家，继而187家、200家、253家持续地膨胀，同时加盟店的总数也由1944家增加为3000家……在这期间，总销售增加了4000亿日元。

日本联合超级市场茁壮成长的过程，历经无数挫折、失败，但都能化险为夷，逢凶化吉。二次重大的危机，也能凭借智慧，安然度过。在1987年2月的进货额高达529亿日元。其中自有品牌商品如：生活极品、特选美食等，约占了80亿日元，种类550多种，紧接着以中国台湾、韩国为中心，自国外进口鱼贝类。其他还有制造厂品牌，日用品等共同进货的收支等。

原来是一个微不足道的超级市场经营者——堀内宽二，凭借着中小型超级市场不团结就无法生存的信念，革创成立的联合超级市场，发展到今天他本人也不会料想到的庞大阵容。目前，日本全国都可以看到联合超级市场的绿色广告招牌。

要重视新闻媒介

一般刚成立的私营公司都很少与新闻界打交道，但如果你的生意做大了，或是在行业中有了突出贡献，那么，就一定会有新闻记者闻风而来。任何一个企业如果忽视了电视、广播和报纸在未来事件和公众形象中的影响作用，就会有毁灭性的风险。新闻媒介可以帮助你在竞争中脱颖而出，也可以把你变成你的同行小心提防的竞争对手。

因此，任何企业的老板都应重视与新闻媒介之间的关系，那么，如何与新闻媒介打交道呢?

1. 要明白，他们的盘子里也许已经盛了很多菜

只有那些和新闻媒介打交道经验很少的人，才会期望那些编辑、记者们放下手中所有的事，只来关心自己这一件事。除非你是个超级明星，或者是位重要的政界人物，否则记者给你的时间总是很有限。所以，你们一旦接上头，就应该直奔主题。任何其他的做法都会让人把你看成是刚出道的新手，你讲的事情在新闻媒介中露面的机会也会大受限制。

2. 不要发表过度的言辞

如果你讲的话站不住脚，或者是你想把一个纯粹新闻素材变成一条有偿商业信息，那你或者会被打断，或者会受到猛烈的攻击。是的，你是有一

些信息想让人了解，但是记者也有自己的工作要做。如果让人觉得你像是个卖二手车的，对记者所追求的角度和要求的形式不去努力适应的话，就不必奇怪自己没有得到想象的那种关注，或者没有得到自己想象的那么长时间的镜头。

3. 一篇报道也许会带来更多的报道

一家新闻机构对你的故事越关注，你就越容易使其他的新闻机构相信，你提供的是一条重要的、及时的新闻。但是你必须动作迅速，在你的新闻材料中还要强调，最重要的电视台和出版物曾报道过你的消息。

4. 并不只有好事会被新闻媒介所关注

记者们从长期的经验了解到，人们感兴趣的通常是一些人想隐瞒的重要事实。而揭这些人的老底儿有两个好处：它让记者更加感觉到自己做的工作是有效的和道德的，而且它还能提供一些有趣的、戏剧性的素材来填充报纸的版面和电视的节目。所以，绝对有必要向你接触的任何记者表明，你不是坏人！要做到这一点，你可以用一种公正的、不偏不倚的态度来谈论问题，有时可以承认差错和疏忽，强调你很关注一般市民所关心的事情。

5. 一个好的“钓钩”应该能用一两句话就说明白

如果你得用多于一个长句或两个短句的话才能让人理解你的“中心思想”，那你还得再下点工夫。一个能吸引人的故事，应该一下子就把读者或听众的注意力，引向某种让人立刻就能发生兴趣的东西，这种东西或者关系到直接的利益，或者有不同寻常的本质，或二者兼备。如果你试图赢得媒体注意的努力收效甚微或毫无功效，那可能是因为你所传达的东西缺少简短、有力的吸引人的地方，不能刺激新闻媒介把它变成一项报道。如果你试图让新闻媒介报道你的机构，那么确定宣传中内在的引人之处就是你的责任，而不关记者的事。“本地高额保险费受害者的福音”，就是一个成功“钓钩”的例子，“某公司在本财政年度推出适当政策，调整不合理保险收费”，这就是一个不成功的“钓钩”。

6. 采取合作的态度

很多新闻工作者，他们之所以干这一行就是因为他们有一种软磨硬泡、咄咄逼人的个性。有的时候，记者或主持人的确是来势汹汹，或者使出种种让人觉得味道不对的手段。他们不见得是在攻击你，而仅仅是因为他们干的是新闻这一行，这一行最大的忌讳就是枯燥无味。在大多情况下，只要你顺着这种“诱”的格式来，就能够让人理解你的观点。如果不这么做，而是“虚晃一枪，跳出圈外”，或者闭口不言，那只会落个“最差嘉宾”的名声。

与传媒建立良好关系要花时间和精力，但是一旦建立，受益无穷。如果记者来找你要新闻，就要尽可能地向他们提供线索，帮助他们。因为有朝一日你可能需要他们的帮助。如果你的话被引用错了，首先与记者联系，友好地与他们讨论这个问题。不要对记者说该如何写。如果你怒气冲冲地闯进编辑室，你将失去记者的尊重和友谊。

7. 如何处理负面新闻

> 有一个故事：在国家公园里成千只鸟被毒死了。新闻传媒用通栏大字标题和情绪激昂的文字对这一丑闻大加批评，引起公众一片喧哗。
>
> 负责喷洒杀虫剂的部门立即向报界发表声明，承认犯了错误，用错了杀虫剂，他们解释了这种情况如何发生的，打算采取什么措施，并保证不再重蹈覆辙。他们对事实真相的及时说明使令人尴尬的局面缓和下来，不至于进一步臭名远扬。

可见，及时说明事实可以减少批评，制止谣言。

做错了事，就该承认，不要怕说“我们犯了错误”，你的诚实会使大多数怒气冲天的批评者消除气恼。及时公布你将采取的行动，等到过错弥补之后再作一次说明。

在处理这类危机时，与传媒打交道的准则有：

（1）向员工及时公布公司危机，不要等到传媒大加披露之后再作解释说明。在员工从报刊上读到或从电视上知道关于公司危机的消息之前，就让他们了解基本情况。如果他们了解了事实，就会把事实告诉顾客和朋友。良好的内部沟通比公共关系部门发宣传资料更有效。

（2）不要妄加推测。如果你不知道问题的答案，不妨这样说："我还不知道这个情况，但是我会去弄清楚究竟是怎么一回事，明天上午我再打电话告诉你。"

（3）努力用公众的目光去看待局势发展状况，并且相应地做出反应。要多站在公众的角度去考虑问题，设身处地地为他人着想。

（4）关于重要的问题，不要让公关部去对付传媒。发言人一定要由公司最高老板担任，这会使发言增加可信性以及提高公司的声誉。公众通常对公关人员的话抱怀疑的态度。

（5）"无可奉告"的回答更是展开全面调查时的一种最好的周旋策略。

（6）关注传媒动态，尽快公布真相。

（7）与顾客长期友好地相处总比公司短期付出代价更重要。如果你要公布差错或把疵品从市场上撤回，就应尽快这么做。诚实的解释会增强你的信誉。

第三章 不可缺少创业精神

成大业者一定要有一个远大的目标

古今中外无数的事例证明：一个人要想成就一番事业，获得理想中的财富，就得有一个远大的目标。

早年的李嘉诚曾在一家茶楼打工，由于他的真诚敬业，再加上做事肯用心，老板不断给他加工钱，薪水早已超过了一些正式堂倌所能拿到的限额。

但是，李嘉诚的志向绝不是做一个小伙计。他觉得茶楼工作做得再好，终究难有出头之日。他渴望从事新的带有技术含量的职业，尤其是跟复杂钟表打交道的行当。于是，他便去了舅父庄静庵开的中南钟表公司上班。

李嘉诚进入舅父的公司后，舅父并不因为他是自己的外甥，便特别照顾于他。李嘉诚依然从学徒干起，刚开始还不能接触钟表活，只能做做扫地、煲茶、倒水、跑腿的杂事。

但李嘉诚知道自己进入中南公司的目的是想掌握一门技术，学会装配修理钟表。因此，为了尽快学到技术，他便利用打杂的空隙，跟师傅偷偷学艺。由于李嘉诚勤劳诚恳，深得师傅的喜爱，师傅便乐意传给李嘉诚一些技术。他心灵手巧，仅用了半年的时间，就掌握了各种型号钟表的装配及修理技术。

1945年8月，日本战败投降，香港又恢复了英国的统治。战前，香港人口163万，日占时期锐减为60万。英国接管香港时，大批房屋遭到破坏，有17万人无家可归。战时逃出香港避难的人，以每月10万人的数量回流香港。食品短缺，燃料不足，住房匮乏，严重制约着香港经济的发展。港英政府决心采取一切措施以恢复香港经济。

在这种情况下，庄静庵预见到香港经济将有超常的发展，于是着手扩大公司规模，调整人事。李嘉诚被调往高升街钟表店当店员。他又很快就掌握了钟表销售技巧，做得十分出色。但李嘉诚志不在此，他渴望出人头地，渴望像舅父、像茶楼里遇到的那些大老板一样，能够干一番大事业。

李嘉诚利用自己所学，时刻关注着钟表业的市场信息。经过半年的观察分析，他自己逐渐有了一套对钟表业现状和未来的成熟看法。

1946年上半年，香港经济迅速繁荣起来，中南钟表公司的业务也借着这股繁荣的大潮，营业额成几何级数递增。庄静庵决心抓住大好时机拓展事业，筹划在东南亚再办一家钟表装配工厂，然后将中南公司的业务逐步扩展为以自产钟表为主，建立香港的钟表基地。

李嘉诚也看好中南的前景，但他已不想继续在舅父羽翼下谋求发展。他认为，待在舅父的羽翼下，更容易束缚自己，贪图安逸会磨去自己的斗志。要趁现在年轻，多学一些谋生的本领，拓宽视野，增长见识以实现自己做大事的愿望。

于是，李嘉诚向舅父表达了自己的想法，希望自己能到即将成立的那家钟表公司工作。当年，庄静庵也是一步步由打工仔变成老板的。他知道，天性独立倔犟，不愿受人荫庇的李嘉诚不会贪图安逸，他一定会去凭自己的能力打出一片天地来。这是一种值得称道和鼓励的志向。

1946年年初，17岁的李嘉诚终于离开了舅父庄静庵的公司，来到庄静庵设立在东南亚的另一家钟表公司工作。刚开始是做营业员，18岁时成为部门经理，19岁时成为总经理。直到22岁时，终于出来创业，成立了属于自己的公司。

李嘉诚的故事告诉我们，一个人要想做大事、成大业，就必须要树立远大目标。远大目标是人的精神支柱和动力源泉，它可以不断地激发人的生命活力，使我们不断地朝着人生目标奋勇前进。

李嘉诚之所以小小年纪就有如此深谋远虑，这与他平时的学习与积累是分不开的。即使在后来他逐渐走向成功之时，他也从未放弃学习各种知识，这才使得他在一次次的决策中，显示出独到的眼光和见解，从而走在竞争对手前面。

少年辍学的李嘉诚比别人更能体会到学习机会的难得，而大多数人有着良好的学习条件却不知道珍惜，这也是他们不能成功的原因之一。

独立创业打开财富之路

要想成功赚钱，最好从独立创业做起。独立创业是一个人真正实现人生价值的良好途径，是成功迈向财富之巅的阶梯。任何富商巨贾，都是从独立创业开始，辛勤奋斗，才功成名就、获得财富的。

美国石油大王洛克菲勒，步入社会后的首份职业就是在一家公司从事簿记工作。每天接触数字，使洛克菲勒很是受益。

洛克菲勒在工作中认真负责，使得公司避免了许多额外的支出，所以老板很重视他。有一次公司做了一笔大理石买卖，货物运到后质量欠佳，老板很生气。此时，洛克菲勒建议老板分别向有关的三家运输公司提出赔偿要求，这样一来，公司得到的赔款很多，公司得到一笔“横财”。为此，老板很高兴，为洛克菲勒加了薪，他第一年就赚有300美元。

第二年，洛克菲勒的年薪提到500美元，除了从事簿记和会计工作之外，他还要同铁路和船舶等运输公司交往。此时，他努力培养出了自己诚实守信、维护形象的好作风。

第三年，洛克菲勒掌握了公司的基本业务，并有了独立创业的想法。有一次，他没经老板认可就自作主张地做起麦粉和火腿的买卖。之前，洛克菲勒从报纸上看到，英国的饥荒一触即发，他想靠囤积居奇来大赚一把，所以小麦、玉米、肉干、食盐等都在他采购范围内。老板并不赞同洛克菲勒的冒险，老板认为靠这种中间生意赚钱的做法不符合公司的本意。然而事实上，由于饥荒按时来到，洛克菲勒为公司创造了一笔高额利润。这次成功，给了洛克菲勒很大的自信。

当时有一位名叫思皮尔曼的州议员，是洛克菲勒未来的岳父。洛克菲勒从思皮尔曼的口中得知美国南北战争即将爆发，为此他兴奋了良久，反复向准岳父请教，战争爆发之后究竟是南方的种植园主赚钱，还是北方的工商业家更赚钱。思索了一段时间之后，他和他的合伙人克拉克，利用银行贷款合伙做买卖。第二年所赚的利润就达 17 万美元，比预先估计的要高出一倍。

南北战争爆发后，洛克菲勒很快成为战争中的暴发户，洛克菲勒的岳父思皮尔曼事后说，洛克菲勒当时多次向他请教战争爆发的问题时，他曾对这位只想做生意的小伙子有过轻视的态度，他没想到，当时的洛克菲勒已有壮志雄心，更没想到他会成为世界最大的石油业亿万富翁。

倘若洛克菲勒起初只想做一个小职员，那他就不会成为日后赫赫有名的石油大王。这说明：独立创业是一个人获得财富，走向成功的捷径。

无独有偶。蔡女士起初在一家国企加工衣服，下岗后她添置了缝纫机、电熨斗和锁边机，开始在家中加工服装，服务小区居民，走上了独立创业的道路。起初，她只能做一些简单的事儿，譬如改裤边、做裤子、上拉锁等。来找她干活的大多是老人，很喜欢舒适宽松的衣服，所以她一个月赚不到多少钱。因为现代的年轻人都讲究穿衣打扮，都喜欢追求新颖时尚，一般都喜欢到商场买品牌服装或成衣。

但蔡女士后来发现，每当春天来临，无论是在人流拥挤的马路上，还是在人烟稀少的田野里，丝巾总会大方地飘在时尚、漂亮的爱美女人的脖子上。这种丝巾既能抵挡风寒，又能使女性增添魅力。她到市场逛了一圈，看到市面上销售的丝巾多为名牌和进口产品，价格十分高。她觉得制作小丝巾的方法很容易，就想自己加工、出售各种丝巾。

后来，蔡女士总结出小丝巾要与服装的整体包装配合，它是都市女性时尚的装饰品，它还可以做成头饰、头花、披肩等，面料以丝绸为主，图案各异。

于是，她开始收集做丝巾的面料，正当秋季，市场上许多的轻薄面料、花色品种开始猛甩，蔡女士到布区市场及布料专卖商场购货，她选择了多种面料，顺便购买了一些布头、边角料，并根据面料大小，剪制成各式各样的方巾，方形的可做成披肩和围巾，三角形的可做成胸饰和头饰，剩下的边角料还能做头花。

有了面料，蔡女士又到书店购买了几本关于制作丝巾方面的杂志和书，上面有各种丝巾的做法示范，学习起来很方便。

蔡女士掌握了丝巾制作技术后，自己制作的小丝巾要比生产厂家的产品成本低许多，价格上颇具竞争力。她在家尝试着做好一些丝巾，拿到服装店去销售，配上时装售出，销路十分好。有几家服装店的老板与蔡女士建立了长期的友好合作关系，只要有新款服装上市，就请蔡女士根据服装将丝巾搭配好。

这样，蔡女士为几家店供货，很快便获得高额利润。后来，她自己开设了一家丝巾专营店，由于她制作的丝巾漂亮大方、价格低廉、款式多样，一直热销。

可见，独立创业是实现财富梦想的好选择。如果你有赚钱的决心、有必胜的信念，那就去创业吧！相信只要付出辛勤的汗水，在创业的道路上拼搏进取，财富就一定会属于你的。

创业要趁早

拿破仑所向披靡，威名远扬，他有一句名言：“我的军队之所以打胜仗，就是因为比敌人早到五分钟。”打仗是这样，早到五分钟会抢占有利地形，从而获取胜利的筹码；商战如实战，创业中比别人早一个月乃至早几天抓住商机，同样会成为创业的胜利者。

张力从卫校毕业后一直找不到工作，看到如今创业热潮一浪高过一浪，于是便想自己干点事业。虽然缺少创业资本，但他有一股“初生牛犊不怕虎”的闯劲，并且商业嗅觉非常灵敏，他便根据自己的特点，琢磨起了本钱小、掉头快的小本经营项目。

2003 年，非典型性肺炎出现在社会上，引起了一阵恐慌，当地药店的体温计全部脱销，多少钱也买不到，许多市民非常着急。他发觉这就是一个绝好的赚钱机会。于是，他立即寻找体温计的进货渠道，可转遍了市内所有的医药器械批发商，最后还专门跑了省城，均没有找到现成的货源。

后来，受从网上查资料的启发，他打开了百度搜索引擎，打上“体温计”、“厂家”、“供货”等复合搜索字样，结果得来全不费工夫，从搜出的网页信息中，他轻松查到了江苏某县仪器厂有体温计现货出售。他立即用电子邮件和该厂销售部取得联系，经过一番讨价还价，他和厂方达成了购货意向。此后，他向父母借了 2 万块钱，按照厂家的要求，使用刚刚开立的工商银行网上银行办理了网上汇款，仅仅几秒钟的时间，资金就打到了对方账户中。

4 天后，厂家用快件发来了 16000 支普通水银体温计和 1000 支电子体温计。当时，全市只有他手中有体温计现货，虽然物以稀为贵，但他没有漫天要价，发不义之财，而是根据自己的进货成本，每支体温计适当加价进行销售。由于他售价合理，产品质量有保障，所以 1 万多支体温计很快销售一空。他自己赚了 2 万块钱，又为市民防“非典”做了贡献。

半个月以后，许多人盯上了这个赚钱项目，纷纷效仿张力，想方设法购进大量体温计，但此时的市场已经“今非昔比”。一是“非典”疫情减轻，购买体温计的人数减少。二是小张的1万多支体温计已经使当地市场基本饱和，后来的进货者因为落后于市场节拍，结果造成了货物积压。

初次尝到了利用信息技术快速寻找商机的甜头，张力几乎天天泡在网上研究和分析市场。他看到“非典”过后，人们的健康观念转变很大，各大读书网站上健康类书籍一度名列畅销书排行榜前列，于是，他利用自己刚刚赚到手的2万块钱，申请建立了一家健康与教育畅销书销售网站，专门经营“非典”之后人们喜欢看的健康类书籍，并经营教育书籍和学生模拟试卷。高考和中考前夕，他和学校的局域网以及部分网吧搞了一项“浏览教育畅销书销售网，免上网费”的营销活动，他借此推销江苏一著名中学编的模拟试卷，几天的时间就净赚3万多块钱。

说起今后的打算，张力觉得，卖畅销书和模拟试卷不是长久之计，赚了钱就跑才是“硬道理”。这不，他坐在刚刚装修一新的工作室里，又开始天天盯着网络琢磨新的赚钱商机了。

商海中有人挣钱，有人赔钱，创业难、赚钱难是多数人的体会。张力成功的例子告诉我们，步别人的后尘很难挣到大钱，提高赚钱的嗅觉，利用现代化信息载体抓住“比别人早到五分钟”的商机，才会在激烈的商战中稳操胜券。

做好独立创业前的心理准备

当你选择独立创业以后，需要进一步了解自己如何投入。

在个人企业中，你要始终头脑灵活，并需要不断地制造卖得出去的东西，熟悉财务上的周转资金，做到节约以及能与人很好地相处等。

受雇于别人的公司，薪水会有保障；而在个人企业中，即使你已经开始赚钱，也不能确定什么时候能有收入。你需要财务上的周转资金，而且必须有存款，以防账款过期未入。

受雇时，你可能毫无节制地使用文具用品，因为你没有必要考虑其来源问题。而在个人企业中，你将懂得节省开支，注意省钱，小心地使用各种设备，以防出现故障。一旦出现故障，你必须耐心等待修理人员修好。这时你将明白“不当家不知柴米贵”的道理，因为你现在是花自己的钱。

当你是个雇员时，如果还没有想到下一步要做什么，老板就会立刻告诉你。而在个人企业中，你必须每时每刻有着新的计策，决不能有丝毫惰性。

在你创立个人企业之前，与工薪时期做个比较，就会明白许多道理。个人企业创立开始就相当艰辛，你要努力地工作，在你尚未踏入这个领域之前，请先做好充分的心理准备，想清楚在个人企业里你需要的是什么。

（1）安全感。无论是在开始创业时，还是在开始投资时，很多人都会诚惶诚恐。有些人会因缺乏准备、资金、精力以及对生意的敏捷度而使企业以失败告终。个人企业就像是赌博，其赌注大小因个人情况而有所不同，因此，在下注之前，必须有所准备，尤其在开始时不要太过乐观，这样如果真的亏了，心理上也能承受。

（2）地位。如果你有一辆公司配的车，人们总是把你想得比拥有一辆私人轿车的人更重要，而经营个人企业时却很少有这样的地位。

（3）财富。许多人经营个人企业相当成功，而且赚了很多钱，但是也有一些人赚钱极为有限。为了生活得好，你必须不断地工作。任何有质量的生活背后总是艰辛的劳动。

（4）家庭。无论你是在家赚钱还是在外赚钱，都应与家里的人更为接近。但实际上，你不可能真正地与家人有更多的时间相处交流，你必须用比一般人更多的时间来经营你的企业。尤其在刚创立个人企业时，你会把大量的时间投入到工作中，以尽快创造财富。

（5）休假。你可以休假，但休假越多就意味着收入减少得越多。在你还是工薪阶层时，即使是放假日，你仍然有薪水；而在自己的个人企业中却没有。

一旦你创立自己的企业后，就会明白自己根本不存在休假的机会，你会尽心尽责地为自己的企业工作。

设立自己的财富目标

常言道：“凡事预则立，不预则废。”只有站得高，看得远，才能高瞻远瞩，深思远虑，规划得好，落实得好，人生的事业才能迅速、健康、持续地发展下去。“下棋要看三步”，切忌“脚踩西瓜皮，滑到哪里算哪里”。这样一来，结果往往会成为人生的败笔，留下无穷的遗憾。

回顾一下历史上成功人士的发展史，会发现他们无一例外的都是在很早的时候就已经规划好了自己的人生。张瑞敏、李书福、潘石屹、李东生、邵逸夫，他们把握人生的方向，精心谋划未来，获得了财富。他们都有宽广的视野和战略思维，善于观察世界大势，正确把握时代的要求，坚定正确的方向。正是因为他们的深谋远虑，使他们抓住了人生的机遇，始终走在时代的前列，实现了人生的第一笔财富。可以说一次人生的规划，对一个人后来发展是产生深远影响的。当然，由于形势在不断地变化，所以规划也应该与时俱进、不断进取，但是战略思路一定要保持相当的稳定性，一旦确定下来，就不能轻易地去改变。

因此，如果希望自己成为一位杰出者，首先就必须安排好自己每天的时间，谋划好自己今后的“财富导航图”，并对已经过去的一天中的“拍摄计划”进行提问。每一天，在某些时候，我们都需要问自己：“刚才发生了什么？什么促使我向着目标前进？什么让我离这个目标越来越远？什么是有效的？我该怎样才能使那些有效的行动继续下去……”

控制自己的人生，规划自己的任务，谋划自己的未来！如果你不能改变周遭的氛围，但你还能改变你自己！临渊羡鱼，不如退而结网，让我们从谋划自己的“财富导航图”开始，做一位聪明高效的人才吧！也就是说你在参与、探索、谋划自己未来的过程中，会不知不觉地改变自己。

当然，我们每个人都有追求更多东西的欲望，而由于谋划不好，目标设立得不明确，结果什么也得不到。还有的人，东扑一下，西扑一下，看似得到了许多，但却因为不善规划，没有明确的目标，导致最终与财富无缘、失之交臂。

因此，做人应该懂得什么对自己最重要，什么是自己最想要的东西。每个人都只有一次人生，要明确自己的目标，规划好自己的人生，毕竟每个人的命运都把握在自己的手上。

如何谋划自己的“财富导航图”呢？对这一问题，无论是商人还是个人，这都是非常关键的，要想成为成功的商人，成为富有的人，首先必须有明确的“财富导航图”，也就是获得财富的目标，这个目标会把你所有的梦想都聚集到一个方向上。

或许你听别人讲过或在报纸上看到过这样一则笑话：

在巴黎的一条商业街上同时住着三个商人。有一天，他们聚在一起谈论自己的理想，看看谁最优秀。第一个商人说，他要成为法国最富有的商人，另一位说，他要成为世界上最富有的商人，第三位说，他要成为这条商业街上最富有的商人。

我们可以换一个角度来看这则笑话，可以说成为最富有的人是他们三个人的愿望，而所不同的是这三个人设定的财富目标的方法。但是哪位商人更有可能、更容易实现他自己的财富目标呢？我们暂且不说，就目标而论它必须遵循以下几个原则，即：具体性、可衡量性、可实现性、现实性、限时性。

这几个原则的具体内容如下：首先，设定的目标要具体，而且还必须具有可衡量性。一个人在设定财富目标时，如果只写“成为最富有的人，拥有更多的钱”这一句话是远远不够的。应该如何获得第一笔财富，而这笔财富的数目又是多少？在什么时候才能实现这笔财富的数目，而后如何利用这笔财富？怎样才能让它“生”出更多的钱来？十分明显，不能够明确地衡量标准的目标是根本没有实际的指导意义的。

另外，设立的财富目标还必须通过不断的努力才得以实现。实现目标会给人一种成就感，从而不断给予前进的动力。所以在设定目标前，首先必须客观地对自己的现状以及各种客观的因素进行衡量。

目标的现实性主要是指在你设定的这个财富目标必须与现实中的实际情况相符合才可以，能够使你尽快地为实现这个目标而不断地努力。目标的现实性要求在设定目标时必须先对现实情况进行仔细地分析，并将那些直接影响你获得成功的因素，首先设立成目标。

目标的限时性是指设立目标时必须同时限定目标实现的时间，这一点最容易被理解，也是最容易被忽视的一点。而往往正是因为这种疏忽才造成许多目标不了了之的主要原因，最终两手空空，一无所获。

特别是那些一直想经商创业的年轻人，一开始满腔热忱，想大赚一笔，但是由于没有明确的目标和计划，在面临现实和挫折的打击时，半途而废，不但浪费掉了青春、浪费掉了投入的精力并且又赔了金钱，这是非常可惜的。

还需要注意的是，大多年轻人自主创业容易产生好高骛远的心理，比如把目标定位在需要一大笔启动资金、高科技的大型项目上。这都会给自己带来巨大的风险和压力。因此，年轻人刚起步时，应当选择一些低成本、低风险的小项目比较好，脚踏实地做事，并尽快地谋划好自己的创业计划，以此谋得人生的财富。

生意不怕小就怕不赚钱

做生意或者发展事业必须要经过一个集腋成裘、积沙成塔的过程，一个高过一个的事业平台的搭建都是在上一个平台或者说起点上发展起来的。而在发展的过程中，面临选择的岔道口时，只要保持冷静，就不难做出理智的选择，看到“清格凌凌的水，蓝格莹莹的天”，走向更高的事业之巅！

“三百六十行，行行出状元。”每一行的状元都是不甘于平庸者，他们往往向众人只可眼望的高处攀登。抢占了制高点，再加上自身非同一般的高度，肯定会高高在上，独占风光了。

说到垃圾，人们马上会联想到那些平常经常遇到的蹬着平板三轮气喘吁吁的拾荒者。很多农民进城后因别的工作不好找，便从事这一工作，也有不少人由此摆脱了贫困甚至过上了小康生活。但是能够从中掘取一座金山，开创出一番事业来的人则为数不多，史亮能够有幸成为其中的一员，靠的就是找到一个新的财富起点的能力——在平常之外看到不平常的高点的眼光和把握机会的气度。

史亮最初靠捡拾垃圾维持生计这实属无奈之举，但自从半年后靠捡垃圾有了第一笔1000元积蓄后，他就敏锐地发现了其中的发财机会，并将自己的事业建立在垃圾堆上。

捡了一段时间的垃圾后，有心的史亮想到了众多拾荒者都不曾想到的一个问题：花钱收集起来的这么多垃圾到底有什么用？从收购者那里一打听，史亮就发现了其中的门道：这些垃圾中的塑料运到河北文安，铁皮罐、骨头运到天津蓟县，玻璃运到邯郸，纸运到保定，有色金属运到霸县，胶皮鞋底运到定州……灵感来了，史亮想方设法搞到了上述厂家的电话，他很快避开了二道贩子，自己成了垃圾头。

捡垃圾不到一年，史亮就干了人们都没想到的事情，捡了许多年垃圾的长者不无感慨地说，史亮有这样的心思，迟早会脱颖而出。事实也正如此，成了垃圾头的史亮，逐渐将捡垃圾的人组织起来，每50人为一个“舵”，分门别类成立小组，凭着一干人马的苦干，他有了自己的废品回收站。废纸、废铁铝罐、玻璃瓶、塑料器皿、废旧金属等，几乎所有的废弃物品他都收，再经过整理、分类、打包、运送等全部过程，找到末端购买者直销厂家。这样，收入由原来每月的几百元增至几千元。

熟悉垃圾以后，史亮渐渐发现资源回收这个行业有无穷无尽的潜力，所有的垃圾在他眼中全是宝。收购的废品中，有一部分被当做废铁卖的旧自行车，史亮就动起脑子搞起了自行车翻新业务，这样获利更多。以后，他又搞起了废旧轮胎翻新的业务。

到1986年，他索性在长沙市郊河西厂后街租下了十多间房子，对收购来的可利用物资进行第二次加工，然后在市场上出售，生意十分兴隆。从单纯的收废品到废品加工再利用，史亮在收废品的同时，又走上了一条新路。

1990年，史亮根据市场金属铝热销的行情，果断地投资，成立了振欣铝业有限公司，利用废旧金属提炼铝。上马之初，有眼光的史亮抛弃了一般手工作坊炼铝的方式，购回正规设备，花了3个月时间，亲自去辽宁本溪学会过硬的技术。当时市场上的铝能卖到每吨1万元，有了先进的技术作保障，史亮无疑抢占了市场的先机。以后，他又根据已成熟的经验，相继投资了废旧轮胎翻新厂和铝合金加工厂；到1995年时，32岁的史亮已经拥有了自己的3个工厂，资产达数百万元。

从垃圾中尝到甜头的史亮一直认为，垃圾是放错了地方的宝贵资源。长沙市年产垃圾70万吨，如果堆在一起，相当于1/4座岳麓山，每年得占用20亩土地来填埋垃圾，这是一笔巨大的资源浪费。

以废塑料为例，长沙年产废塑料3万吨，当时主要采取填埋方法处理，而被埋的废塑料200年都不会腐烂，会产生碳纤化合物气体，极易燃烧和发生爆炸。于是，史亮想到了用废塑料炼油的项目，如果这个项目成功了，不但可以使自己的事业更上一个台阶，还是一件利国利民、造福人类的好事。

1996年，史亮开始了个人项目的调查和论证，整个项目成功的关键在于技术。为此，史亮花了近2年的时间进行市场考察和机器设备的引进。除了在国内了解此项技术外，他先后去了日本、德国、马来西亚等地，考察他们治理垃圾的先进经验，最后，他选择了从日本引进先进经验及先进的技术设备。

经过一年的技术论证，1999年6月，投资1300多万元的环保塑化炼油厂正式成立。从给废塑料加催化剂，到经过500度高温熔化来回循环、冷却、澄清，再到分别提炼出柴油、汽油，整个现代化炼油的工艺流程科学合理，杜绝了第二次污染。经过处理，每吨废塑料的出油率可达75%，每吨油的利润在1000元左右。项目投产后，生产的合格产品已源源不断地进入市场，供不应求，史亮的经营取得了辉煌的业绩。

与此同时，史亮又从德国引进了治理被称为“黑色污染”的废旧轮胎制粉技术，成立了环保橡胶制粉厂，生产出的橡胶粉被用于铺设柏油路，不但成本低，还能起到防滑、防冻的作用，产品销售一直被看好。

从捡垃圾做到环保工业，史亮从一个低起点迈到一个高点，很多人意想不到的机会紧紧地攥在了他手里。

史亮的垃圾致富之路，充满了艰辛也充满了魅力。从无到有、从小到大，完成了一个传奇般的创业历程。史亮一开始的起点不可谓不低，但是在低起点的创业过程中也逐步放宽视野，将事业的起点不断垫高，成就了一个低起点创业致富的经典案例。

没有哪个商人一觉醒来就有金山。综观成功商人所走过的路，都是由小及大。就像爬楼梯的人，上得一个台阶才能迈向下一个，财富是一步步积累扩张的，只要你肯走就能通向成功。

很多人把“小钱”不放在心上，甚至不屑一顾。如果把这种思想带入生意中，恐怕失败的可能性就非常大，不错，一个大客户也许一次就能带给你10万元的利益，有可能是10个小客户累加起来的总和。但是如果你把所有的希望都寄托在大客户身上，你可能就会怠慢小客户。在不知不觉中你的漠视、你的懒怠可能会让你失去不只10个小客户，而这些小客户有朝一日可能成长为大客户。简单地说，你对大钱的“追求”会让你蒙受和你的“追求”等量的损失，你对大钱的定义越高，你损失的可能就越多。

“莫以利小而不为”应该成为每一个生意人的座右铭。只有不嫌弃每一分硬币，经过一个积累的过程你才能获得更多。任何一种成功都是从点滴积累起来的，将军要从小兵成长起来；经验要从诸多小事中总结而来；财富必须从小钱累积而成。

明智的生意人从来都不会拒绝一笔小生意，他们也会因为善于积累而变得富有；而“志向高远”的“赚大钱”的人却常常在抱怨市场不景气，责怪上天不给自己运气，感叹自己的平庸和贫穷。

羊肠小道走险峰

在动物界，相对于豺狼虎豹等猛兽而言，以草为生的羊是地地道道的弱势群体。“任人宰割的羔羊”，说的便是羊的软弱。然而，它们性情平和，随遇而安，憨厚老实，与世无争。软弱，谁能说不正是羊的生存之道呢?

羊，的确是把软弱修炼成了一种境界。它们从不回避自己的弱小，无条件地承认这一点，并且懂得一退二让三躲避，从不与强势抗争。软弱，使得它们能最大程限地规避风险。

羊从不与豺狼“逐鹿中原”。当水草丰美的地方无法容身时，它们利用自己轻灵矫健的优势，上高山，下低谷，吃得起苦，耐得了劳，崎岖难行的羊肠小道，见证着它们攀登险峰的执著。

作为大自然食物链上的一环，羊自有其生存的空间。无论是人类还是猛兽，都不能也不肯把它们赶尽杀绝。大多数的羊，依然能够在强敌环伺的环境里，觅得自我发展壮大的机会。

商场亦然，创业之初的你，不妨试试羊的生存秘诀。

（1）要勇于示人以弱。承认自己的弱小等于摆正了心态。由弱变强是个渐进的过程，没有现在的弱便没有将来的强。现在有很多人喜欢打肿脸充胖子，刚开始就把自己吹嘘得天花乱坠，到头来往往是一败涂地。如果自己的实力真的没有那么强，那么最好还是看清现实，脚踏实地，一步一步地来。

示人以弱有很多好处。弱肉强食固然是亘古不变的规律，但是在大多数的情况下，却更能使对手放松警惕，消除嫉恨，进而赢得发展的时间。示人以弱还容易获得别人的帮助。尤其在当前的社会形式下，保护弱势群体的呼声越来越高，无论是政府还是民间，政策扶植也好，资金支持也好，弱势群体的生存环境正在悄悄发生着变化。示人以弱还可以使自己获得更多变通的机会，因为你不必顾虑太多，即使失败了，也不会给自己增加多少无形的压力。

（2）不与强势争锋，寻找生存的夹缝。《对阵——与零售巨人竞争》的作者是美国人肯德·斯通。他专门研究大型折扣零售店对中小型零售店带来的冲击，在这一过程中他为中小型零售商总结出两条竞争原则：一条是不要经营与大型折扣零售店相同品种的商品；另一条是要经营大型折扣零售店所短缺的商品品种。后一条原则就为中小型零售商明确了竞争定位：补缺者。弱势群体在竞争关系中的定位，也应该扮演补缺者角色。可以从投资项目、产品种类等多方面寻找与强势竞争对手的差异点，比如同样经营黄酒，侧重点可以不同，有的重包装，有的重档次，有的重品味，有的重品牌，有不同就是差异，有差异就有生存的空间。总之要有另辟蹊径的意识，避免与竞争对手正面去交锋，就像轻灵的羊那样，敢走别人不敢走的羊肠小道，一样能到达险峰。

弱有弱的优势，强有强的劣势。很多创业者往往觉得什么都已经有人做了，自己根本无"缝"可钻。事实远非如此，再成功的经营也有其"薄弱"之处，而这薄弱之处又往往来自其"优势"本身。以非常大众化的投资——餐饮来说，麦当劳、肯德基不能不说是全世界快餐业的大腕，它们的优势再明显不过：标准化、高效率、清洁的餐饮生产。假如我们也在这个标准上做文章，哪怕是制定了更严格的标准、更优化的操作流程，等待我们的恐怕只有失败，因为我们不可能在这些方面做得比他们更好。他们的薄弱环节在哪里呢？是"统一的口味"，这正是标准化、高效率等现代流水线、规模化餐饮的必然结果，当然，也是他们的目标。我们就可以从差异化的角度找出对策：个性化的口味。中国的快餐很难形成像麦当劳、肯德基那样的规模，主要在于经营者的定位欠准确。面对强手，不能正面交锋。麦当劳、肯德基是不可能再制定"个性"防御战术的，因为"标准、统一"就是他们的特点、优势、力量。

（3）能屈能伸，适者生存。美国通用公司总裁杰克·韦尔奇说：这个世界是属于弱者的，因为弱者最懂得适应。相对于强者来说，弱者有更多的选择和妥协，因为懂得适应，他们就有更多的生存机会。"往者屈也，来者信也，屈信相感而利生焉。尺蠖之屈，以求信也。龙蛇之蛰，以存身也。"（《周易·系辞下》）大意是生存之道，屈伸交替。软虫的收缩，是为了求得伸展；龙蛇的蛰伏，是为了保全自身。也许真是如此。这也是经济学中的"蜥蜴"哲学：蜥蜴弱小，几乎比它大的动物都是它的天敌。但，它却在地球上生活了上万年。蜥蜴的生存之道无非是两个字：适应。它可以随环境变化不断地变换自己的肤色，在黄土地上，它的颜色是黄褐色的；在草丛中，它的颜色则是绿色的……弱小者最大的优势之一便是适应性强，在多变的经济环境中，可以随时调整自己的产业结构，从而保证相对较高的营利点。

弱小不可怕，怕的是没有做大的信心。寻找自己的羊肠小道，再加上坚韧不拔的毅力、灵活多变的头脑，你一定能攀登上成功的巅峰。

打破常规，众行之中求逆行

一个生意人若想在竞争激烈的商场中争得一席之地，就必须敢于打破常规，换种思维和行为方式，这是突破事业瓶颈、缔造辉煌业绩的必然方式。

瑞士一位杰出的企业家在总结自己的经商经验时，不无感慨地说：“市场上，唯一不变的规律，就是市场处在永远变化之中。”一个商人要想在不断变化的市场环境中求得生存与发展，唯一的出路就是不断创新。创新的思维方法有很多，逆向思维就是主要的一种。

作为现代创造性思维方式的一种，逆向思维的特点在于改变常态思维的轨迹，用新的观点、新的角度和新的方式研究和处理问题，以求产生新的思想。

运用逆向思维，最大的敌人是经营者自己的思维定式和解决问题模式固化，总是按照原有的旧套路去解决各种问题，因为用旧套路解决管理问题和技术问题，人人驾轻就熟，没有风险不说，就是出了问题也可以把责任推到方法本身。所以，运用逆向思维进行创新，首先要战胜自己。

日本丰田公司的精细生产方式就是典型的一例。在汽车的生产管理中，他们遇到的最大问题是产品产量如何与市场需求量相吻合，再就是在生产过程中零部件的“过量生产问题”。因为传统的汽车生产方式，都是把零部件加工作为“起点”，前道工序完成后把产品送到后道工序去，一直到总装配线这个“终点”。其结果是前道工序不知道后道工序何时需要多少零部件，很容易造成产品过量生产，使后道工序成为中间仓库，从而加大了生产成本，形成“过量生产”

的浪费。如果按照一般人的思维模式解决这类问题，一定是加大市场信息的准确性，加大管理工作中“计划管理”这一环节的精确性。而丰田汽车公司解决这些问题却成功运用了逆向思维和系统思维的方法。其中的关键是彻底改变传统的工艺流程。

丰田公司的副总经理大野先生打破常规，勇敢地采取了“倒着干”的办法，变“终点”为“起点”。即后道工序在需要的时候到前道工序领取所需数量的零部件的方法。因为最后一道工序总装配线，市场营销部门只要给总装配线下达生产计划，指出所需的车种、需要的数量、需要的时间，装配线就可以按计划到前道工序领取各种零部件。这样就使制造工序从后到前倒过来进行，直到原材料供应部门都连锁地、同步地衔接起来，从而满足恰好准时的市场需要，既使产品适应了市场，又能将管理工时和生产成本减少到最低限度。

不用实地考察，从中也能领悟到这一创新工作的难度。杰出人士大野先生的成功就在于战胜自我，适应市场，而不是去适应原有的思维方式与管理模式。

运用逆向思维进行创新，还要克服“随大流、跟风走”的思想方法和工作方法。仔细观察国内的市场，人们不难发现，不少企业缺乏创新，从产品开发到市场营销都存在不同程度的跟风现象。生产电视赚钱时，大家都一窝蜂去搞电视生产线；生产 VCD 时髦就大量引进 VCD 生产线；人家搞豪华包装，自己也不惜血本豪华起来；人家当标王出了名，自己也花巨资去称王称霸。实际上，如果看人家“进一步”前途光明的话，运用逆向思维，我们“退一步”也可以海阔天空。

在日常生活中，清除厨房油污是一件叫人挠头的愁事，因为黏糊糊的油污，布擦不掉，水洗不净。于是各种各样的专用清洗剂应运而生，什么去油灵、除油净，有液体的，有粉状的，着实叫人眼花缭乱。仔细看，这些企业的产品无不体现一个“洗”字，就是绞尽脑汁把油污清洗下去。河北某厂沿着去污的思路来解决这一问题，他们从化妆品的面膜中得到启发，把给厨房用具“洗澡”变为了“穿衣”。它的产品没有任何去污功能，而是在“防污”上打主意。只要将其均匀地涂在厨房器具的表面，20分钟后便形成一层透明的防护膜，等到油污积到一定程度，一撕即掉，就像化妆用的面膜。这比起为厨具“洗澡”更省力。产品在上市后，一炮打响。

运用逆向思维获得成功的事例举不胜举，在经商中你也不妨加以应用。要知道，如果锅烧开了要止沸，往锅里加水是一招儿，从灶里抽出柴火同样是一条路。面对激烈的市场竞争时，不能一条道儿走到黑，撞了南墙时要换种思维和行为方式，这样才有可能成就一番大事业。

保持对生意的兴趣和热情

从事一件工作，一定要有相当的耐力，并专注工作，以培养自己对工作的兴趣。成功的生意人懂得，这个世界上没有不辛苦的工作，他们视工作为乐趣。须知：“要怎么收获，需要怎么栽培！”

从前有一匹马，它每天干的活儿有很多，而农夫给它的饲料却很少。于是，马就乞求上帝为它另找一位主人。这个愿意实现了。农夫把马卖给了陶器匠，马很高兴。不承想陶器匠那儿的活儿更多更累，饮料给得比农夫还少，马又抱怨自己的命不好，乞求上帝再为它另找一位好主人。这个愿意也实现了。陶器匠把马卖给了皮革匠。当马在皮革匠的院子里看见马皮的时候，不禁大声哀叹道：“唉，我这个可怜虫！还不如跟着原来的主人好。看样子把我卖到这里不是要我去干活儿，而是要剥我的皮。”

在这个赚钱机会比比皆是的社会里，打一枪换一个地方的人大有人在。今天生意隆重开张，明天赚了一把就关门，后天再新开一家店铺，也是经常可以见到的现象。但长此下去，每种生意都不精通，始终无法树立起自己的商业形象，恐怕就真要遭到当乞丐的命运了。

当然，选择从事何种生意时，必须要考虑自己的能力与个性，若是某个生意确实不能使你充分发挥才能，那么要有及时转行的勇气。但假若因无法忍受生意的辛苦，而想另找一份轻松的行业，那你恐怕永远也无法找到适合自己的生意了。

因此，要培养自己对所从事生意的兴趣。对于很多因专注而成功的人，他们做事专注，并不是捏着鼻子喝苦酒，反而是像小朋友搭积木，拆了做，做了拆，其乐无穷，乐在其中。辛劳惯了的农民，让他闲上三五天，他便心里发慌，反而不如在地里干活开心。读书人爬格子苦不堪言，但一天到头瞎奔走，不看书、不动动笔便觉得魂不守舍。大抵各行业专注其中的人都是这样。所以有位哲人说人生的一种境界是：衣带渐宽终不悔，为伊消得人憔悴。换一句话说：事业就是生命，为它受苦正是人生乐事，恰像一对情人爱得苦不堪言，一天不见，就会失魂落魄。

干一行爱一行，就有自娱的特性，乐在其中便是自然的事了。试问：有什么道理比有感情更能使人进入专注的角色呢？比如曹操之于权谋，李白之于诗酒，还有拿破仑之于战争与冒险，毕加索之于绘画。他们这些人专注于其中，既获得了自己的事业，也得到了充分的娱乐。若无自娱的乐趣，或让他们放弃心领神会的乐趣，他们便会活得无精打采。

所以，对生意人的成功而言，专注既需要明理，更需要感情引导。只有对一桩生意有了感情的投入，才会有理性和自觉，行为也才更自然。

没有勇气成不了大器

“你想不想炒股？”

“想！但听说股市风险很大，要是赔了怎么办？”

“放假一起去新疆的大沙漠看看，行吗？”

“那里人烟稀少，如果迷路了，或遇上了强盗、野兽之类的，还不把命搭上？我不敢去！”

……

像上面的情形，你一定不陌生吧？说不定你就曾产生过这样的心理，说过类似的话，放弃了一个个就在眼前的机会和愿望。

一个人内心的畏惧和勇气就像武侠小说中的黑白两道，在不停地较量着。只不过，武侠小说都是以侠义之士战胜邪魔外道而结局，而生活中的许多人，可就没那么顽强和幸运了——在他们的一生中，可能有一段时期是勇气居上，但最终也是输给了畏惧，注定了平淡无味的命运。

而恰恰是那些勇敢无畏的少数人，他们的成就连同他们的奋斗历史，成为后人通往文明的基石和旗帜。

勇气不单单指去战胜有形的敌人，它存在于人生的方方面面。如克服自身的缺点，抛弃不良习惯，放弃眼前的享受和利益去从事有风险但更有意义的事业，敢于做前人不曾实践过的事，走前人不曾走过的路，进入一个新环境，远离父母、朋友，等等。

“富贵险中求”，与风险不沾边的人是与成功无缘的人。正是这些不起眼的放弃，最终决定了大多数人不起眼的命运。

有人会说，是知识、智慧、机会、环境等决定人的命运。回想已经走过的路，不难发现，知识、智慧、机会等这些条件，只是实现理想的前提，如果没有勇气去利用它们、转化它们，它们本身不会载着我们进入我们理想的境地。

但是，在任何时候都保持勇气也不是容易的事。勇气存在于我们日常生活的每一个细节中。“一年之计在于春，一天之计在于晨”，今天是双休日，可你有好多事要做，你有没有勇气起床呢？这自然是小事，但勇气可能发生在任何场合，面对困难是一种勇气，面对权势是一种勇气，面对金钱是一种勇气……勇气就是“富贵不能淫，威武不能屈”。那么我们的勇气又是从什么地方来的呢？是心态，只要你以正常、平常的心态去面对一切，你就什么都不怕了。

凡事前怕狼后怕虎，总想着先留下后路，这样既无法集中精力，也无法建立信心，十之八九会以失败而告终。成功的女神只钟情那些有胆有识，敢冒巨大风险，有着坚忍不拔的毅力，为达目的百折不回的人。正如李嘉诚所说：“决定一件事时，事先都会小心谨慎研究清楚，当决定后，就勇往直前去做。”

“风险与机遇并存”，如果一件事没有什么风险，那么大家都能想得到，都敢去试，这里对于你来说是没有多少机会的。只有风险非常大，大多数人因此不敢想、不敢试，而你却能够迎险而上，那么你成功的概率自然也就大了许多。李嘉诚在为人处世上历来以稳健著称，但这并不表示他是一个胆小怕事的人，相反，在很多重大决策中，都能充分反映出他“超人”的勇气和胆识。

长江公司的塑胶花牢牢占领了欧洲市场。1958 年，长江公司的营业额达 1000 多万港元，纯利 100 多万港元。塑胶花为李嘉诚掘得平生的第一桶金，也赢得了“塑胶花大王”的称号。这一年，李嘉诚正好 30 岁。真正的“三十而立”。

稳固欧洲之后，为了进军北美，李嘉诚展开了强大的宣传攻势。他设计印刷了精美的产品广告画册，通过有关机构和民间商会了解北美各贸易公司的地址，然后分寄出去。

一家销售网遍布美国、加拿大的北美最大的生活用品贸易公司在接到广告册一周后，有意到香港实地考察。

李嘉诚果断拍板：一定要拼尽全力抓住这个大客商！并且在公司高层会议上宣布了一项石破天惊的决定：一周之内，将塑胶花生产规模扩大到令外商满意的程度！

这是李嘉诚一生中，最大最仓促的冒险。他孤注一掷，几乎是拿多年营建的事业来赌博。因为一向作风稳健的李嘉诚，此次别无选择。要么彻底放弃，要么全力一搏。

无法想象一周之内形成新规模难度有多大。首先要另外新租一套占地约 1 万平方英尺的标准厂房，然后将旧厂房退租，搬迁原有的可用设备，购置新设备、改建新厂房、安装调试设备、新聘工人并且培训上岗、工厂进入正常运行……

李嘉诚和全体员工一起奋战了 6 个昼夜，每天只睡三四个小时。

第7天，当这家公司采购部经理抵达香港时，长江公司最后一台设备刚刚调试完毕。李嘉诚没顾上喝一口水，立即驱车到九龙启德机场接客。

美国人的作风十分爽快，他让李嘉诚直接由机场送他到工厂参观。当参观了全部生产过程和样品陈列室后，望着个个眼睛熬得通红的员工和精美的产品，采购部经理由衷地称赞李嘉诚的工厂完全可以与欧美的同类厂媲美。而李嘉诚的报价则要比欧美低一半，因此，采购经理当即对李嘉诚说："我们现在就可以签合同。"

于是，这家美国公司成了长江公司的大客户，每年的订单都数以百万美元计。通过这家公司，李嘉诚获得加拿大帝国商业银行的信任，并且日后发展成合作伙伴关系，进而为李嘉诚进军海外架起一道桥梁。当然，此次冒险，不仅为李嘉诚带来数千万港元的赢利，使"长江"成为世界最大的塑胶花生产厂家，而且还为李嘉诚赢得"塑胶花大王"的美名。

既然勇气与成功如此息息相关，那么如何才能使自己的勇气长盛不衰呢？最关键的一点就是要克服恐惧。有许多事情办不成、做不好，完全是因为恐惧作怪。能够天不怕地不怕、敢做敢当的人，很少不成为人们敬仰的英雄豪杰。然而能够克服恐惧的人很少，大多数人都畏首畏尾、胆小如鼠！这种人可能终生受恐惧支配，连人生的乐趣是什么也不知道。唯一补救的方法是：彻底铲除恐惧心理。

在潜意识中，恐惧虽然是潜伏着的，但并不是完全无迹可寻。例如心存恐惧的人，常常莫名其妙地紧张害怕，借故拒绝参加各种日常活动，这是一种精神病态。根据有关统计，患上这种恐惧病的大有人在。

当然，患上恐惧病的人，如果病情不重可以自疗，但如果病情不轻，也许就得求助于心理和精神病专家了。一般说来，以下提到的几点都各有疗效，不妨一试。

对于害怕的事，一个有效的方法是面对恐惧，迎头痛击。要一而再、再而三地提起勇气，迎战恐惧。

另一个办法就是把令你感到恐惧的事实找出来，对症下药，例如怀疑有病就看医生，在小病时就医治，康复的机会也大，无病更可以放心过正常快乐的生活。

另外，要敢于尝新，别怕伤痛。在很多情况下，当无法马上得知其利害关系时，总是有人会挺身而出，去冒险尝试。

第四章　自我投资，提高自己的赚钱能力

赚钱就必须要过吃苦这一关

小老板靠勤奋和吃苦赚钱，中老板靠经营和管理赚钱，大老板靠投资和决策赚钱。所以，年轻人在创业阶段，尤其需要吃苦精神。“白天当老板，晚上睡地板”是很多民营企业家早期创业的真实写照。也正是这种精神，才让他们在缺乏资源、没有政策支持的情况下能迅速将企业做强做大。

很多年轻人大学毕业后，不是没有就业岗位，也不是没有赚钱的机会，而是没有勇气脱离家庭的羽翼，不敢面对压力和竞争，只好依赖别人过日子。

金利来领带现在已是世界名牌，曾宪梓也堪称“领带王”。但曾宪梓的发家却是充满着艰辛，曾一度推着小车在商场门口和大街小巷叫卖他的领带。正是经过了这样的不懈努力，当初的年轻人完成了一次又一次的超越，才有今天的成功。

“世界景泰蓝大王”陈玉书总结自己的成功时说：“我是从做工人起家的，吃过苦、受过罪、失过业、遭过窘。回顾十几年来走过的道路，虽非步步血汗，也是崎岖艰难，甚至险象环生，不过终生不弃不馁，不断求索而已。

“今天，我能够被尊为‘景泰蓝大王’，决非我有何超人之处，只是天时、地利、人和三者的结合，不畏艰难不舍成功，机遇加勤

奋罢了。

“当年抵达香港时，我的口袋里只有50元港币，所以对于每1毛钱都极为重视，现实生活告诉我，你若没有5毛钱，又怎能买到1磅面包充饥？我自认还有点儿天不怕、地不怕的气概。可也得承认，一文钱往往困死英雄汉，不管你本事多么了不起，怕就怕口袋里没钱花，我明白‘小富由俭’、‘勤乃无价宝’的道理。

“记得每天一大早，我从北角乘轮渡过海到观塘去上班。为了节省1毛钱，我总是坐楼下三等舱。我节省每一个铜板，是为明天的幸福生活开路。所以，我连看报纸也舍不得花钱去买，而是身在船中，眼观六路，看看谁手中有报，等到船靠码头，自己押后，就利用这一刹那时光，几个起落，把乘客遗下的报纸拿走。如若椅上遗留一两本杂志，对于我真是如获至宝，我也常为节省两毛钱车资，不惜徒步从中环走到西环。

“我对‘历览前贤国与家，成由勤俭败由奢’这话是笃信不疑的，所以我能几十年来坚持勤俭的作风。每天收工之后回到家里，我虽然浑身疲惫不堪，但仍坚持把从船上捡来的报刊如饥似渴地细阅完。既学到不少知识，从中又学会一些广东话。

“我找到运输工作后，就以敬业乐业的精神认真地工作。我虽然不是货车的主人，但我很爱惜车辆，一有空便把车子洗刷得干干净净，而且买来油漆，将车子四周脱落不全的字填写清晰。就这样，唤起了工头的好感。他们见我是大学生，为人又和蔼，从此便让我跟他们一起吃小灶。

“在平时，我是很少像其他工友那样，三五成群去饮茶的，而总是独个儿在工地里喝开水啃面包，简单地解决一顿午饭。如今能吃上有菜有汤的热饭，心里自然喜不自胜。从这件小事上我悟到一条道理：凡是勤劳和有爱心的人，一定会有好的回报。回想起我在启德机场干填海工程的那段日子，尽管每晚一脸尘、全身臭汗回家，我还是满怀喜悦的，因为我毕竟能够独立地闯天下。

“然而，正当生活刚刚步入正轨之际，不如意的警钟又敲响了，我失业了。偏偏在这个时候，太太又怀孕了。在这种恶劣的环境下，我们是无论如何不能再增加包袱了，于是被迫求助于医生。医生开价500港元，而我口袋里只有400港元。当时是多么困窘啊。就为了张罗这100港元，还找了好几位朋友，几番周折，才凑足钱数。人生何其酸辛而苦涩。

“这个最困难的时期，我有机会到一家国货公司去当仓库管理员，当时找到工作那种快慰，真是毕生难忘。

“第一天上班，我早早来到陈瑞祺行仓库，头一件事就是把仓库打扫干净，把地板擦得光可鉴人，把工具、台椅放得整整齐齐。在那里，我不仅尽职尽力地去干，而且由衷热情、兢兢业业，以防再一次在失业路上徘徊。

“那时我白天穿着背心短裤。跟车或者推着小车过马路、横过大街到各铺各店送货。双脚飞快如燕，心里甜丝如蜜，丝毫没有耻辱羞惭。虚名误人，什么大学生、世家子弟、名门之后，都是假的，求自下而上最现实。

“那段时期，我和太太孩子都在丈人家里搭伙食。尽管忙了一天我已累得腰酸腿痛，但每天晚饭后，我都要帮丈母娘把饭碗菜碟洗得干干净净。”

陈玉书最后感慨：“梁启超有一句名言‘患难困苦，是磨炼人格之最高学校’。诚哉斯言！”

先吃大苦后赚大钱的一个个传奇故事印证了一句民谣：能吃苦，吃半辈子苦；不能吃苦，吃一辈子苦。

勤奋是致富之源

“一个有决心又勤奋的年轻人，其前途是不可限量的。”这是一句西方著名的谚语。在西方的教育中，孩子还小的时候，他们就被告知他们有一天会被迫独立生活。在他们获得第一分钱的时候，就应该懂得只有做了事情，才能得到钱作为奖励，钱不是要得来的礼物，没有付出相应的劳动是得不到钱的。让孩子们知道“生活简单、精力充沛，在解决困难中寻求激情，在刚强中体现柔韧”是十分重要的。“滑铁卢之战的胜利始于英国的运动场上。”因为正是在运动场上，年轻人锻炼出了自己结实的肌肉、坚强的意志、自律服从的品质。这样，他们后来在战场上才能拯救自己的国家。

如果一个人从小只知道要追求安逸生活、奢侈消费、挥金如土，那将来还能有什么事业？这样的民族将会面临什么样的未来？他们都喜欢软弱消极的享受，失去了追求有价值的东西的愿望和能力，他们也失去了使自己成为有价值的人的愿望和能力，他们甚至失去了享受自己所选择的生活的能力。

一个勤劳的人必定是一个意志坚定、身体强壮又充满自信的人。一个勤劳的人懂得用自己的判断力做出决定，勇往直前并勇于承担一切结果。虽然他们也会犯错，而且也会因为错误而付出代价，但是他们能因此而学习到解决困难的能力，并且享受问题解决了的自豪之感，更重要的是他们也学会了抵抗的力量。因此勤劳的人往往更容易取得成功，这种成功具体会体现在事业上。

阿尔伯特·哈伯德的杰作《致加西亚的信》是在他一天的辛苦劳作后写就的。我们大多数人在一天工作完成后就躺下休息，或许那就是我们现在没有多少杰作的原因。戈登·塞尔弗里奇是伦敦著名的商人，他出生于美国威斯康星州的瑞盆市。他说，工作教会了他“辛勤劳动是必要的，辛勤劳动也不需要同情，辛勤劳动应该受人尊敬。财富正是靠辛勤劳动的双手和大脑得来的”。

“天上不会掉馅饼”，那些能够取得成就的人都是勤劳的人，一个身心懒惰的人肯定会一事无成。

必须对你的工作、事业有兴趣

2001年3月15日，一个名为“摩西奶奶在22世纪”的画展，在华盛顿国立女性艺术博物馆举行。该展览除展出摩西奶奶的作品外，还陈列了一些来自其他国家有关摩西奶奶的私人收藏品。其中最引人注目的是一张明信片，它是摩西奶奶1960年寄出的，收件人是一位名叫春水上行的日本人。

这张明信片是第一次公布于众，上面有摩西奶奶画的一座谷仓和她亲笔写的一段话：做你喜欢做的事，上帝会高兴地帮你打开成功的门，哪怕你现在已经80岁了。

摩西奶奶为什么要写这段话呢？原来这位叫春水上行的人想从事写作，当作家是他从小的理想，可是大学毕业后，他一直在一家整容医院里忙活，这让他感到很别扭。马上就30岁了，他不知该不该放弃那份令人讨厌的职业，从事自己喜欢的行当。春水上行来自日本的信，让摩西奶奶很感兴趣，因为过去的来信，都是恭维她或向她索要绘画作品的，只有这封信是谦虚地向她请教人生问题的，当时已经100岁的她立即回了信。

摩西奶奶是美国弗吉尼亚州的一位农妇，76岁时因关节炎放弃农活，开始了她梦寐以求的画画。80岁时，到纽约举办画展，引起了轰动。她活了101岁，一生留下绘画作品600余幅，在生命的最后一年还画了40多幅。

那么，到底是什么原因，使人们异常关注那张明信片呢？原来，那张明信片上的春水上行正是目前日本大名鼎鼎的作家渡边淳一。也许正是这个原因，每当讲解员向参观的人讲解这张明信片时，总要附带地说上这么几句话：你心里想做什么，就大胆地去做吧！不要管自己的年龄有多大和现在的工作状况如何，因为你想做的那件事才是你真正的天赋所在。

一个企业家，如果不能够将工作视为兴趣，只是视之为收入的来源，就不能够全身心地投入，得出的结果也一定不会是最理想的。另外一些企业家，当他们将工作化为个人的兴趣，工作就等同在享受一样，自己参与就感到开心和有成就感，这些企业家得出来的成绩也令人满意。

诚如李嘉诚所说："做事投入是十分重要的。你对你的事业有兴趣，你的工作一定会做得好。"

爱因斯坦说过：对一切来说，只有热爱才是最好的老师。

成功人士往往是兴趣广博的人，他们的独创精神来自他们的博学。要成功必须对他所从事的事物感兴趣，工作或研究应该成为他们生活的一部分，被他视为乐趣和爱好。

瓦特小时候在厨房里看见水壶被什么东西顶起来，感觉很奇怪，掀开盖一看，只有蒸汽，别的什么也没有。

蒸汽能有这么大力量？如果有更多的水，不是会产生更大的力量吗？

经过长期研究和实验，瓦特终于发明了蒸汽机。

要想走出"薪"情苦闷的困境，首先应该认识到，这个世界上最可贵的东西不是钱，而是你自己的精神。要想挣钱，学会"花"自己是首要前提。

挣钱真正的动力不是钱，而是兴趣。为钱而钱的工作因为缺乏主动性，难免单调乏味，反过来，如果能把钱和兴趣连在一起，让兴趣带领你前行，你的快乐就不仅仅来自于金钱，而来源于更丰富的范畴，你也会因兴趣而快乐起来。

兴趣分两种：一种是先天的，一种是后天的。有些人天生就愿意做某件事，碰巧他的工作正好是他的兴趣所在。可如果你的工作偏巧不是你的兴趣呢？也没关系，因为人可以开发后天的兴趣。只要抱着热爱生活的态度，你随时能在大千世界发现自己感兴趣的东西。对工作的兴趣也是这样，只有你爱，你才会有。

热忱是一种力量

励志大师卡耐基说过："一个热忱的人，无论是在挖土或者经营大公司，都会认为自己的工作是一项神圣的天职，并怀着深切的兴趣。对自己的工作热忱的人，不论工作有多少困难，或需要多少的努力，始终会用不急不躁的态度去进行。只要抱着这种态度，任何人一定会成功，一定会达到目标。"

一个人要想获得财富，就必须对你所从事的工作和事业有一种超乎寻常的热爱。

爱默生说过："有史以来，没有任何一件伟大的事业不是因为热忱而成功的。"成功的企业家，通常都会自觉不自觉地善于用一种超乎想象的热忱，孜孜不倦地追求自己心中的目标。对此，李嘉诚解释说："如果你从事这个行业，你对这个行业却没有兴趣，你的兴趣在另一行，但你并没有去从事那个行业，你是不会成功的。"

"成功的起点是首先要热爱自己的职业。就算你是挖地沟的，如果你喜欢，关别人什么事。"世界著名的推销大师乔·吉拉德如是说。他曾问一个神情沮丧的人是做什么的，那人说是推销员。乔·吉拉德告诉对方："销售员怎么能是你这种状态？如果你是医生，那你的病人一定遭殃了。"

他也被人问起过职业。听到答案后对方不屑一顾：你是卖汽车的？但乔·吉拉德并不理会：我就是一个推销员，我热爱我做的工作。工作是通向健康、通向财富之路。乔·吉拉德认为，它可以使你一步步向上走。全世界的普通纪录是每周卖出 7 辆车，而乔·吉拉德每天就可以卖出 6 辆。

刚做汽车销售这行时，他只是公司 42 名销售员之一，而那里的销售员他有一半不认识，他们常常是来了又走，流动很快。有一次他不到 20 分钟已经卖出一辆车。最后对方告诉他：我不想说我就在这里工作。他说他来买车是为了学习乔·吉拉德的秘密。他把定金退还给对方。

他认为，最好在一个职业上做下去。因为所有的工作都会有问题，但是如果跳槽，情况会变得更糟。他特别强调，一次只做一件事。以树为例，从种下去，精心呵护，到它慢慢长大，就会给你回报。你在那里待得越久，树就会越大，回报也相应越多。

乔·吉拉德说，他做销售这行 50 年，种下的树已经成为参天大树，给他带来无穷的财富，销售的诀窍也适于生活。

总结自己的推销经验时，乔·吉拉德曾说过这样一段话：“作为一个推销员，为什么你没有把产品推销出去？是因为你没有引燃别人内心中的热切之火，是因为你自己的内心仍充满冰凉的疑虑。

“为什么昨天早上你会见的那个人会拒绝你呢？因为他由你的眼中看出你自己也没有接受自己所销售的东西。还有，昨天下午的那位顾客也用同样的方法打量你。他在听你讲话，却带着冷淡和怀疑的眼神……你失去这位顾客，因为你并没有打动他。为什么呢？因为你根本也没有打动你自己。没有任何热忱的火花由你的眼神中转移到他的眼神里去。

“请记住：首先你要热爱自己的工作，然后你要热爱自己的产品。假如你不了解自己推销的产品，你就不会喜欢它；你愈了解一项好产品以及它能带给顾客的种种好处，你就愈会对它感到热爱。”

施东美国销售公司的副总裁卡特先生曾经做过业务员，现在他无须亲自去推销产品，但是他说：“我很喜欢与顾客直接交流，直到今天我都与顾客保持紧密接触……我与士兵们在前线并肩作战。我要向全国各地的顾客推荐我们的产品。这是我热爱的工作，只要我还在销售公司任职，我就要继续这样做。”

有家油毡公司的业务经理，想更换自己目前的业务员，因为现在的这位业务员业绩不好。后来了解到这位业务员业绩不好的原因是由于不了解这种油毡，因此没什么兴趣去销售。于是业务经理建议公司让那个业务员在公司内工作三个月，任务是帮助制造油毡。业务员观察工作人员如何把软木变成各种产品。他接触那些软木，嗅到那些软木的味道，并知道油毡是怎么做成的，对人有什么好处。知道这个过程之后，他对自己的产品开始产生一股热忱。

三个月之后，等他一开始销售的时候，几乎马上就见到成效。没多久，他成为该公司在那个地区的业务经理。

由此可见，热忱是一种具有强辐射效应的重要力量。热忱是一种精神，不仅能鼓舞和激励一个人全身心地投入手中的工作，而且还具有感染性，能对其他热心人士产生重大影响，可以说，几乎所有和热忱有过接触的人也将受到影响。人类最伟大的领袖就是那些知道怎样鼓舞他的追随者发挥热忱的人。

把热忱和你的工作混合在一起，那么，你的工作将不会显得很辛苦或单调。热忱会使你的整个身体充满活力。热忱能带领你迈向成功。一个充满热忱的人，几乎所向无敌。

天下没有免费的午餐

一个年轻人如果想让自己获取更大的成功，使自己的事业获得更为充分的发展，就应当意识到，在日益激烈的竞争中，仅仅依靠过去的所谓意志、体力去拼搏是难以获得成功而成为胜者的。一个成功的人依靠的是灵活、敏锐的头脑和科学、丰富的经营感觉。

所以年轻人必须不断地掌握知识，磨炼经营感觉，培养掌握许多与赚钱相关联的东西。

对于年轻人来说，进行训练和学习是非常重要的。成功者是以自己的意志为基础的人，因此，年轻人从学习的阶段开始，如果不是以自己的意志为基础，就不能培养出最为重要的“作为商人的感觉”。年轻人要想赚钱就应当主动地学习，向自己投资。

所谓的赚钱头脑、经营感觉并不是一朝一夕能够掌握的，它需要日积月累的努力。例如，磨炼商业头脑需要学习知识，吸收知识可以短期集中进行，但要使知识变成自己的血肉，成为自己头脑中的一部分，则只有每天的积累。比起一个星期的集中学习，一天抽出十分钟、二十分钟都是更有效的。总之，每天不间断地坚持下去，就会掌握更多的内容。正因为坚持，知识才会变成智慧，头脑才会变得更加聪明起来。

从经营感觉来说，一点点的积累和培养更为重要。年轻人应学会从日常的生活方式、生活态度、意识等方面去培养。对于每天所遇到的事物怎么看待、怎么吸取，对眼前的事物怎么感受、怎么思考，要一点一点地磨炼。你会逐渐意识到，那是积极的，不需要装模作样就能做到的努力。竞争是激烈的，对于一个年轻人来说，要不断地学习来充实自己，培养自己成为一个学习型人才，才会有更多获得财富的机会。

对于一个成功的人来说，知识就是力量，不懈怠的学习力才是百战百胜的利器。特别是在自己感觉不足的时候，业余进修、学以致用是一条捷径。

未来的社会是学习型社会，每个年轻人都应该善于学习。

无论是创业还是给别人打工，技能的学习都非常重要。在学校里学习也罢，边工作边学习也罢，都有可能通过学习知识，让自己有意想不到的收获。

前微软中国区总裁吴士宏，虽不是科班出身，她是通过高等教育自学英语考试，先进入 IBM，据说为了获得 IBM 的职位，硬着头皮说自己会打字，事后才开始狂练打字，由此过了基本技能关。进入 IBM 之后，“拼上命，白天泡在客户那里，夜里学专业知识”，竟然获取了工程师的资格，甚至当时微软的客户中国远洋集团，夸她是“最懂技术的业务代表”。

对于一个年轻人来说，需要不断了解、不断学习，只有这样，才能适应社会、适应竞争，才能获取财富。

知识可以改变命运

21 世纪是知识的世纪，知识时代是用大脑来定义的，竞争的实质已转化为知识与智慧的竞争。所以，要想成为富人，先得做好知识的主人。大凡富人，往往都有其共同的“知识”特质。今天，培根的“知识就是力量”有了新的诠释，一大批像比尔·盖茨、杨致远、丁磊等以知识为代表的时代精英迅速登上历史舞台，发挥着前所未有的巨大作用，影响着整个世界。

比尔·盖茨经营着全球影响力很大的一家公司，当然也面临着很多压力和挑战。他面对的最大挑战之一就是必须紧跟科技的脚步。为了紧跟科技的脚步，他用非常理性的态度解决知识和财富的问题。为了赶上新科技的发展脚步，比尔·盖茨特别高薪邀请特定领域里的顶尖专家，固定为他上知识密集的补习课。他称之为“思考周”，每次专家们都集中在一个主题上。在他的“思考周”期间，他把全部精力都集中在吸收新知识上面。

有次在接受《花花公子》杂志采访时，比尔·盖茨说他已经不看电视了，并不是他不喜欢看，而是他觉得没有那么多时间。因为在单位时间内看电视所获得的信息远远没有看书收获的多。他买书从不吝啬，在他华盛顿湖畔的豪宅里，有间图书室，里面共有1.4万多本藏书，这些书对他非常重要，门类繁多，内容广泛，能满足他旺盛的求知欲。为了掌握世界经济的变化，他经常从头到尾读《经济学家》杂志。

其实，比尔·盖茨酷爱读书的习惯从小就养成了。在他还是个低年级的学生时，他就特别喜欢读书了，但他从不喜欢连环画、卡通画之类的儿童读物，也不读当时的儿童都喜欢看的童话故事和小人书。他喜爱读成人作品，除了在学校的时间，他都把自己关在家中的书房里，阅读父亲的藏书。这些书开启了他通向理智世界的大门，也为以后他那种以观念制胜的事业打下了牢固的基础。当他才7岁的时候，他就开始读一本叫做《世界百科全书》的书，他经常几个小时不停地连续阅读这本大全，一字一词地从头读到尾。比尔·盖茨的父母后来说，就他们所认识的孩子中间，还没有见过哪位少年对《世界百科全书》像比尔·盖茨那样有那么大的热情和偏爱。

他这种学习新知识的爱好甚至扩展到度假的时间里。几年前，他根本不休假，现在，他每年都会休上几次假，但每次休假他都会给休假订一个主题，他的假期一样是在储备知识。例如，他去巴西，就把他那趟巴西之旅的主题定为物理。在度假时，他读了好几本物理方面的书。

富人最愿意学习。著名生态经济组织“未来500”的主席、美国三菱公司原首席执行官，就连在旅行中也从不放过学习。因为知识需要积累，积累知识最有效的方法就是学习。现在的世界什么都可以让别人代劳，唯独学习不可以代劳。因此，获取知识的途径不能靠金钱购买，只能投入时间和精力。

总之，知识是成就富人的最为关键的核心资源。换句话说，只有掌握了知识又善于应用知识，才能赢得别人的尊重和信赖，才能成为别人心目中真正的领袖。大多数富人并不是生下来就腰缠万贯，大多数穷人也并非生下来就一无所有，为了生活，谁都不可避免地要学会奋斗。

书本教育不一定能使人致富

知识有两种，一种是普通知识，另一种是专业知识。普通知识无论有多丰富或多广博，对于聚积财富来说都没什么助益。总体说来，大学里的各科系，实际上传授的是各种所谓的普通知识。

知识不会吸引金钱，除非经过组织和睿智的指导，且透过实际的“行动计划”，巧妙地导向聚积财富的目的。大部分的大学教授都不是很富有，因为他们专精于知识的“传授”，而非知识的“组织”或“运用”。知识只是潜在的能力。知识唯有重新组织为明确的行动计划，并导向明确的目标，才能成为力量。

教育机构在学生获得知识后，却无法教导他们如何组织和运用知识，这种各教育体系中“失落的环节”，由此可见一斑。

很多人错误地认为，汽车大王亨利·福特只受过极少的“学校教育”，因此他一定是位没“教育”的人。犯此错误的人就是不了解“教育”一词的真正含义。此词衍生自拉丁字，其意为由内向外的推演、产生和发展。

受过教育的人，并不一定就拥有丰富的普通知识或专业知识。一个受过教育的人，应是那种能充分发展其心灵功能，以致能在不冒犯他人权利的情况下，获得他想要的东西，或同值对等物的人。

第一次世界大战期间，一份芝加哥报纸所刊登的各项报道中，有某些评论称亨利·福特为“无知的和平主义者”。福特先生驳斥这种说法，并控告报纸诽谤他。当案子在法庭上审判时，报社律师为求辩护，置福特本人于证人席，目的在向陪审团证明福特的无知。律师问了福特各式各样的问题，所有问题旨在证实，虽然福特可能具有相当多关于汽车制造的专业知识，但就整体而言，他却是无知的。

律师问：“你能否告诉我，美国政府的基本原理是什么？”

“我不知道你指的基本原理是什么意思。”福特回答。

“你不知道政府的基本原理是什么意思？”

“你指的是宪法吗？”福特反问。

“那么你是如何考虑政府的基本原理的？”

“公正。”

“公正？”

“是的，这是最重要的。”

“那么，我们这个国家发生过革命吗？”律师又问。

“当然发生过。”福特说。

“什么时候？”

“比如 1812 年。”

“难道你不知道 1812 年并没有发生过革命吗？”

“我不清楚，”福特回答，“我在这方面没有特别注意。”

“难道你不知道 1776 年的革命吗？难道你真的不知道美利坚合众国是由于 1776 年的革命才诞生的吗？”律师步步紧逼，“你的确是个健忘的人，福特先生。”

“我想我是忘记了。”福特对律师提出的问题感到很头痛。

接下来，律师又故意问了许多知识性的问题，诸如：“贝纳狄特·阿诺德是谁？”以及：“1776年，英国派遣了多少士兵到美洲平息叛乱？”回答后一个问题时，福特先生说：“我不知道英国派到美洲平息叛乱的士兵确切的数目是多少，但我听说，去的数目要比回来的数目大多了。”

最后，福特对一连串的问题感到厌烦了，在回答一个相当具攻击性的问题时，他身向前倾，手指发问的律师说：“如果我真想要回答你刚刚所提出的这些愚蠢的问题的话，那我告诉你，我桌上有一排电钮，只要按下正确的电钮，我立刻能召来助理人员协助我，回答我想问的有关我所从事事业的任何问题。现在，能否请你好心地告诉我，当我周围随时有人能提供给我任何所需要的知识时，我为什么还要在脑袋里塞满一堆普通知识，好用来回答问题？”这的确是个充满逻辑智慧的回答。

这个回答也把律师给难倒了。法庭中的人一致认为，做此回答的人，绝非无知之人，必是个有识之士。真正有学问的人，知道从哪里获取他所需要的知识，也知道如何把知识组织成明确的行动计划。通过“智囊团”之助，亨利·福特掌握了他所需要的专业知识，并成为美国最富有的人之一。他根本没有必要自己去死记硬背这些知识。

聚积财富需要力量，力量则来自于高度组织与睿智指导的专业知识，但是，聚积财富的人，不一定要完全具备这种知识。

在你能确信自己有能力将欲望转变为金钱对等物之前，你需要具备服务、商品或职业等方面的专业知识，才能借以换取财富。或许你所需要的专业知识，远远超过你的能力范围，果真如此的话，你可借助你的“智囊团”，补救自己的弱点。

有些人本身并未受过必要的“教育”，无法提供他自身所需的专业知识，但他们却充满了发财致富的雄心壮志，对这类人来说，上述这段文字必能给他们以希望和鼓舞。有些人因为没有受过“教育”而终身自卑。其实，一个人若懂得组织且领导一群具有聚积财富的实用知识的“智囊团”的话，他就跟团队中的任何一个人一样的有知识。

托马斯·爱迪生一生只受过三个月的学校教育，但他可不是没知识的人，更没有死于贫困。

亨利·福特受教育程度连六年级都不到，但他却自己努力设法在经济上交出了漂亮的成绩单。

那么，如何获得昂贵的知识?

首先，决定你所需要的专业知识以及需要它的目的。大体来说，你主要的人生目的，你努力不懈的方向，都有助于你决定需要何种知识。这个问题解决之后，下一步，你需要有关于可靠知识来源的正确资料。这些来源里面，比较重要的有:

（1）个人的经验和教育。

（2）可借助他人（智囊团）的合作而获得的经验和教育。

（3）中学和大学。

（4）公共图书馆，借助书籍和期刊或许能发现他人组织整理过的知识。

（5）特殊训练课程，特别是通过夜校和函授学校。

获得所需的知识后，必须将它组织整理，并且透过实际计划，将其应用于追求自己明确的目标上。除非将知识应用于有价值的目标，否则知识便没有价值，更不会给你带来财富。

各行各业中成功的人，永不会停止吸收和其目标、生意或职业有关的专业知识。不成功的人通常犯一个错误，他们认为从学校毕业，就表示吸收知识的阶段结束了。事实上，学校教育所做的，只不过是带领个人学习如何获取实用知识的方法而已。

带着目的去学，让学有所用

近年来的各种补习班、培训班越来越多，人们如蜂一般涌进各种地方，专心致志地学习，但往往人们会觉得，培训后的人并没有多大的改变。

有两个做土木行业的人，刚入门，一个利用下班时间积极地去学习英语和计算机，这可是当今时代最流行的两门课啊，每天累得半死，仍然孜孜不倦，看了都让人感动不已。人们以为这位先生要做这方面的东西，就问他为什么这么卖命学习，他却说："这哪儿有为什么啊，不是大家都在学吗？我怎么也得来学学啊，你没看见连那些公司的老板都在学呢！"后来，他放弃了，学的东西也忘了。

而另外一个人，进公司后就发现在自己的领域好像仅有大学知识远远不足，他分析之后找到一个很有前途的分支，边实践边学，后来发表了新的理论文章，成为这个行业的新新人物。

学习究竟是为了什么？这是一个讨论了很久的问题了。

当年周恩来的为祖国之崛起而读书，让他成了一位伟大人物。

那么我们学习又是为什么呢？古往今来众多读书人可不是人人都有目的的。

也许有些人学的东西让别人很不屑一顾，因为他学的不是潮流东西，而是些与时尚脱节的，但是这才是他的资本。

有些穷人也是很爱学习的，但是他们却总是学些对自己没有用的东西。他们之所以爱学是因为别人在学，或者说大家都在学。他们永远不知道为什么要学这些东西，学这些东西有什么用，也许他们学的这些东西本来是有用的，但是他们不知道。

穷人学习犹如大海上漂流的小帆，任它自由飘荡，最终不是船沉人亡就是漂泊到无知的陌生地，没有未来。

穷人学的东西永远是百无一用的。他们最多学习一点儿对自己眼前有益的东西，盲目地学，学其皮毛而不懂其精髓。

穷人也喜欢学富人，却不是学富人的生存方式，而是学富人的生活方式。

为了学而学，不是有准备、有目的的学，而是不切合实际的学，所以学的东西往往是用不上的。这样的学只能给穷人带来钱财、时间和生命的浪费。

富人认为时间是很宝贵的，是很重要的。他们不会为了没用的东西去乱学，他们没有这个时间可以浪费。

富人学东西都是为自己而学，他们到什么时候都知道自己该学习些什么，学这些东西的目的是什么。比如实现自己的目标所需要的知识、本领和技能。

要记住：永远要知道自己需要什么，该为需求做什么准备，任何学习都要有目的而为之。为了一个目的去学，就有了巨大的动力，就能积累起致富需要的资本。

有一位普通的推销员，为一家食品公司服务了几十年，没有自己另外的事业，日子过得紧巴巴的。到了快退休的年龄了，他才觉得应该要改变一下自己的生活了。他根据自己推销多年的经验决定自己另创一番事业。由于他推销的时候学到了一点簿记经验，于是他决定开一所会计师事务所。有了这个从未想过的目标后，他开始了每天的簿记专门训练，这对一个老人来说是很不容易的。到了退休时，他开了自己的事务所，经营了没多久，以往他的雇主和100多家中小商店都与他订了合同，委托他全权处理事务。根据业务的需求，他又开始学习其他的新知识，他开着一辆旧巴士，四处巡逻作业，巴士里是他的全部家当，计算机、打字机等。此后他的生意更加兴隆了，而他现在的所得更是以前所不敢想象的。

这位先生已经是垂垂老矣，在大家的意识里已经是个不中用的人了，可是正是这样一个我们看不起的人却实现了好多人的梦想。

他在年老的时候还能为了自己的理想而进行艰苦的学习，又有多少年轻人能够做到如此呢？他成功的一大因素就是他做的有目的的训练。

看完这个故事你是不是很佩服、羡慕别人的财富呢？看着别人拿着比自己多得多的金钱时，你是不是应该想想你的学习过程了呢？

过去的都不要紧了，放弃你广撒网似的乱研究吧，只为自己的未来学习，只为自己的目的而学。多关注学习的目的是否能实现，长此以往你就会看到你的原目标也是如此容易就可以实现的。

李嘉诚可谓出身书香世家，从小熟读四书五经，但是到达香港后，他父亲李云达发现以前的传统教育在香港完全用不到，要想融入这个社会，就要学做“香港人”。

李嘉诚是潮州人，只会讲潮州话，但是在香港不熟练地讲香港话和英语就会寸步难行，更别提做什么大事业了。他觉得，想要成就大事业，至少要懂得香港的通用语言，这样才能在事业上挥洒自如。他经过几年的努力终于熟练掌握了这两种语言。这在他日后的商战风云中起到了很大的作用。

在长江塑胶厂的创业上，英语帮了他极大的忙，他凭着一口流利的英语与外商商务洽谈，取得的成功把他推向了塑胶花大王的顶峰。包括后来他建立的任何一个跨国商务，有哪个能少了英语的帮忙呢?

他当初学习的目的只是为了在香港存活下去，他做到了，而后的帮助才是最大的。

想想当初，如果李嘉诚随便去学习一些技术了事，那也许我们现在根本找不到这个商业巨子的身影。

学习是为将来做的准备，是实现目标的必需过程。没有了目标，你就不知道自己究竟要做些什么，不知道自己该学些什么，因此就会产生闲暇的时间，就会产生很多没有目的的、盲目的学习。

因此我们在做之前就要定好自己的目标，围着这个结果分步骤地学习必需的东西。

在学任何东西之前还要想清楚，学它有什么作用，我能达到什么结果。

你以前是不是也在浪费着金钱与精力呢?从这一刻开始改变自己，为着你远大的、既定的目的去准备，不久你就会发现离自己的梦想越来越近，这时候你就已经胜过了别人，你就会得到你想要的富人标准。

当然，学习知识是一个日积月累、循序渐进的过程，要把知识系统、全面地掌握好，最有效的方法就是要坚持不懈、持之以恒地学习。

没有创造财富的目标，你不可能成功。

没有做好成功的准备，你不可能打个胜仗。

没有坚持不懈学习的心理，你就完成不了自己的心愿，达不成自己的目标，一切就无从谈起了。

法国著名学者巴斯德在回答青年们提出的问题时说过一句话："告诉你使我达到目标的秘密吧，我唯一的力量就是我的坚持精神。"他的话包含一个真理：任何一件事情的成功，都要有一种百折不挠和坚持到底的精神，学习也不例外。

第五章　先做人后做生意

人格也是财富

有的人也许没有万贯家财，但因为有极高的人格魅力，所以身边总不乏朋友帮助。对于这种人来说，高尚的人格魅力就是财富。尽管这种财富不会直接给他们带来物质上的满足，但会引导他们走向成功。一个人要想具有长期而稳定的财富就必须学会做一个具有优秀品质的人。

一个人如果品行不端、德行恶劣便很难得到认可，事业上也难以有所进展。任何人要走向成功，都必须严格要求自己。假如不具备高尚的品格，那么财富之路就会失去支撑，失败也会成为必然，幸福当然更无从提起。唯有品质优秀的人才更容易获得持久的财富和幸福。

锤炼优秀的人格品质应该是贯穿于一个人一生的信仰。在人生的不同阶段，品质对于我们的要求有所异同，但是，“以德立身”的人生支柱不会变，对一个人的人格要求不会变。四大名旦之一的“梅派”创始人梅兰芳先生就是这样一位具有高尚人格魅力的千秋楷模。

梅兰芳一生律己甚严。青少年时代经历了八国联军的侵略、辛亥革命、军阀混战和国民党的腐败，这让他更懂得了爱国。抗日战争时期，他蓄须辍演的举动，激励了许多爱国志士，表现了一个人民艺术家高尚的民族气节和可贵的爱国主义精神。著名画家丰子恺先生曾感叹：“茫茫青史，为了爱国而摔破饭碗的‘优伶’，有几人钦？”

1931年，“九·一八”事变爆发，梅兰芳愤慨难当。他拒绝为日本人演出。为了鼓舞各界的抗日斗志，梅兰芳与叶恭绰等人合编了《抗金兵》一剧。接着，又把《易鞋记》改编为《生死限》演出。抗战胜利后，梅兰芳高兴得当天就剃掉了胡子，并在上海美琪大戏院重新登台演出。

梅兰芳不仅是一个优秀的京剧演员，更是一位爱国主义战士。在大是大非面前，他高尚的人格引领了中国人的民族自豪感，可以说，正是他的人格魅力才让更多的人认可了他，更认可了他的“梅派”艺术。

一个人的人格决定了他在别人心目中的地位，而这又决定了他是否在他人心中具有威信。没有人愿意和一个不讲诚信、品德恶劣的人打交道，更没有一个人愿意帮助一个没有人格修养的人成就事业。所以，从某种意义上来讲，人格品质的高低是可以影响到一个人的事业的。

今天的社会是一个物欲横流的社会，人们对于金钱的追求达到了狂热的地步，但是，这并不等于人们对于个人道德品质的要求下降了。相反，越是这样的社会，高尚的人格品质就越显珍贵。许多新兴的企业在一夜之间迅速崛起，并以强大的态势席卷着中国的每一个角落，这不仅仅是因为它们具有强大的管理架构，更是因为它们的领导者是一些具有高尚人格品质的人，因此才能够吸引众多的人才。在企业这个舞台上，他们是整个舞台的灵魂和核心，是足以让所有演员进入状态的导演。在这样的领导者的带领下，一个企业没有理由不创造价值，没有理由不创造财富。人格是一笔无形的财富，它可以影响到我们一生的发展趋势和状况。良好的人格不仅可以为事业增添砝码，还可以让我们赢得越来越多的尊重，从而使我们得到长足的发展。

人品有多高，你的财富就有多厚

赚钱是商人的天性，无利欲就不会成为一个成功的商人。这就好像“不想当将军的士兵不是一位好士兵”一样，不想去赚钱谋利的商人也不是一个好商人。但是，经商的主体毕竟是人，是人就不能违背起码的道义良心。

现实生活中，有些商人为了一己之私而干一些害人的勾当，自以为可以成为漏网之鱼，殊不知这是鼠目寸光的表现。

1993 年月 12 月 15 日，春都集团可存放 3000 吨生肉的冷库突然起火，存放在冷库里的 2600 吨原料被毁，损失达 4000 万元。当时春都的职工共有 4000 名，等于每人烧掉 1 万块钱。但为了息事宁人，春都集团上报的损失只有 36 万元。

大火过后，冷库里被烟熏火燎过的生肉，按规定应全部废弃，但春都集团的领导觉得这样做未免可惜，就把熏烧得不太厉害的一些生肉，混进了生产火腿肠的合格肉里，致使那段时间出品的“春都”火腿肠吃起来都有股烟熏味儿。

春都的竞争对手趁机造谣：“火腿肠里面有人肉！”一时间，顾客避之唯恐不及，进货商也纷纷退单，春都集团元气大伤，仓库里堆满了成品火腿肠。

虽说“无商不奸”，但并不是让商人去欺骗消费者。春都集团自以为聪明，以为可以瞒天过海挽救自己的损失，结果“偷鸡不成反蚀把米”，产品销售不出去不说，还影响了自己的信誉，弄得元气大伤。

事实上，除了少数奸商外，大多数商人还是能恪守职业道德的。生意人讲职业道德，不仅对社会有好处，即便对于生意人自己，也是好处多多的。

旅港福建商会理事长王为谦，祖籍是福建晋江，1950 年获准出国，本来想去菲律宾谋生。因入境手续受阻，滞留香港，在一家侨民公司打工，后因公司倒闭，面临失业。

1953 年，王为谦用自己的积蓄加上亲朋好友的支持，创办了香港新元贸易公司。当时，公司的进出口贸易采用赊账形式，分期付款，双方唯一凭借的就是一个“信”字，“一个人没有信用，他就难以立足”是王为谦的口头禅。

一次，公司一批货物到菲律宾，交了货，却收不回钱。资金周转失灵，公司面临倒闭。由于在商界有着良好的声名，王为谦得到友人援助渡过了难关。

王为谦以贸易起家，却从不贪暴利、乱加价宰人，而是薄利多销。来价多少，自己应得利润多少，一一告诉贸易伙伴，待人以诚，从而建立了一批长期客户。当时有两家日本电器厂商，看中王为谦诚实可靠、进取心强，愿意将电器产品交给新元，开拓海外市场。其后，王为谦成为 TDK 的总代理，生意开始向多元化发展。

经 40 多年的创业、发展，王为谦创办的新元贸易公司在我国、印尼、美国、加拿大等都有子公司或分公司。谈起这一商业王国的建立，王为谦总是自谦地说："还差得远，我谈不上成功。我的经历，只能说是一部充满艰辛的创业史。创业之初我手头没钱，但我坚持对人处世，以信、诚、勤三字相待，而这三个字就是我取得一点成绩的出发点与根本。"

王为谦的成功说明了人品对于做生意的重要性。人品有多高，你的财富就有多厚，商人不讲职业道德，如同杀鸡取卵，自掘坟墓。做生意不可利为先、德置后，否则就会迷失人性。

万事以和为贵，不要轻易得罪人

商人在做生意赚钱的过程中，一定要避免伤害别人，不然自己会受其害。在生意场上有朋友，也有对手，任何人都不能回避这一现实。有的人自以为只要过自己的生活，走自己的路，便不容易树敌，但是事情往往同他们的愿望背道而驰。因为，依照自己的理想走完一生，你绝不可能随便与他人妥协；就个人来说，"独善其身"是一种高尚的品德，对别人来说，并不见得不是虚伪。所以，在现实生活中，不管你说得多么正确，仍会有人持相反论调，倘若你不理会他们，一味坚持己见，你与他们之间必有摩擦，而且这种摩擦还会日益增加，很有可能最后导致你们反目成仇。

你若想依自己的信念去经商，那么不论身处何地，你的四周一定会有敌人。

某公司的董事长，是一位正直且富有经验的人，最近听说辞职不干了，使人大为惊讶。原来这家公司在讨论放弃一项工程竞标时，想以某种缓和的方法来解决。但是这位董事长却不赞成。他的理由是这样做会对不起与之有良好协作的公司甚至整个社会，他提出开明价单，实现公开竞标。这次“缓和”会议，正由于他的义正词严而告吹。这位董事长也被看成是“异端分子”，遭到了大多数人的抵制。迫于压力，这位董事长只好辞职。其实，他的遭遇可以概括为树敌太多，受到抵制。

这件事告诉我们，在现实生活中，切勿锋芒毕露，得罪太多人。无论什么人，都不要得罪，不指望他能帮我们什么，但也不至于害我们，因为任何人都会有用得着别人的时候。

做生意是一个细水长流的过程，不要指望一单业务赚很多钱，也不要想着一夜暴富。万丈高楼平地起，基础打好了，业务自然会源源不断地堆起来。

在世间，人是靠彼此互助才能够得以生存的，哪怕是流落荒岛的鲁滨孙也都要有一位名叫“星期五”的伙伴，更何况身处这一竞争激烈、社交往来频繁的环境，所以“得罪人”是一种剥夺自己生存空间的行为。

（1）得罪一个人，就如同为自己堵住了一条生路。世界虽然很大，但有时却会因得罪人而显得很小，甚至有时连走在路上都会有仇人相见，更何况同行做生意？同行有同行的交往圈子，彼此碰面的机会很大，如果碰到你得罪的人，那会显得非常尴尬，而且多么不利。本来你可以和他合作获利，却因得罪他而失去赚钱的机会。

（2）得罪一个小人，就如同为自己埋下一颗不定时的炸弹。在生活中，得罪君子，了不起大家不讲话，各干各的，但要是得罪了小人，事情可就没完没了。就算他不采取报复，也要在背后对你造谣中伤，为你制造许多恶舆论，使你有理也会变成无理，多不值得。

因此，当你感到自己的利益被侵害时，得不到他人的尊重时，请先冷静思索一下，切勿轻易动气。此外，也切记不要气焰嚣张、盛气凌人，这种只有自己而没有别人的态度也很容易得罪人。

对生意人而言，还有最重要的一点就是，得罪人会变成一种习惯，如果你老是压不住怒气，改不了个性，便会说“反正我就这样”，那就只能自己将自己推向狭窄的死胡同了。

多一个朋友就多一条财路。那么，反过来说，多得罪一个人就少一条财路。因此，万事以和为贵，你才能赢得更多的赚钱机会和财路。

先赚名声再赚钱

赚钱要有好名声，这是毋庸置疑的真理。《羊皮卷》中有这样一段对话，“世贫道：‘我常听人说，只有做官的人才需要有名声，做生意经商是不需要名声的。’财神微微一顿，说：‘你错了，做生意不但要有好名声，而且还必须是先赚名声再赚钱。’”

可见，经商做生意名声是首位的，如果没有良好的声誉，就别想把生意做好。

一般人认为，只要有了资金和才能，事业就能迅速发达，其实不然。有了资金和才能，是好的基础，但是仅此还远远不够。为了使事业能够壮大，必须保持良好的名声。

一般人都不愿意和不认识的人做生意，就是因为不知深浅，担心万一受骗，造成经济上的损失。同样，即使是天天见面的人，如果他常常失信于人，也不会有人愿意与他在生意上有来往。即使你很有才能，可朋友们对你的印象却是“此人不可信”，那么，在生意场上，你也寸步难行。有的人借钱不还，还装出一副满不在乎的样子；有的人常在金钱上打马虎眼。殊不知，“亲兄弟，明算账”，在金钱上务必清楚，一是一，二是二。如果在金钱上失信于人，那么只能导致人际关系的破裂。讲名声、重信用是中国人固有的美德之一。

在生意场上，不乏互助成功的事例。

“这个人，真够意思！托他办事，绝不会出差错。而且从来不拖欠付款。”

如果能得到这样的评价，那么也就是你事业大成的时候了。

在待友之道上，生意人应当记住一条俗语：“好借好还，再借不难。”

常有人借钱时满脸堆笑，催他还钱时就像你欠他似的。更有一类人，拜托别人办事，在没有成功之前，好话说尽，卑躬屈膝。事成之后，态度为之一变，甚至翻脸不认人，过河拆桥。这实际上已经毁了自己的名声。

在长年的交往中，要靠具体的事实与表现使对方相信自己，这样才能结交真正的朋友。对方一旦相信你，就像结下金石盟约，在各方面会鼎力资助你。即使你赤手空拳，也可能在突然间拥有公司、拥有资金、拥有货源。其中的奥妙正在于此。

成功的生意人对顾客也必须讲信誉。现在广告宣传铺天盖地，但是，有的人采取欺骗的手段，为了发财不择手段。这种人虽然有时也能发一笔小财，但是绝对成不了大气候。顾客受欺骗只能是一次，却不会永远被蒙骗。这种生意在一开始就为自己掘好了坟墓。

信誉是赚钱的最大资本

曾有一位著名的企业家对一位诚实守信的年轻人说：“虽然你很贫穷，可是还是有许多人愿意仅仅凭你的信用借给你巨额资本，因为他们知道，信誉是最好的资本。拥有像你这样品质的人，胜过那些有十万美元却没有信誉的人。”这位企业家还说：“如果每个年轻人都足够诚实，那么他们中的每个人都有赚钱的机会。”

君子爱财，取之有道。这里的道不仅有着道德的意思，也有着方法的意思。就是说，谋利的最好办法是道德，讲商业道德就能获得大吉大利。有人曾问过李嘉诚成功的秘诀，他的回答就是简单的两个字：“诚信。”

然而从道德上来讲，信誉是无价的；从赚钱上来讲，信誉却是最好的资本；从做人上来讲，信誉是人的尊严，是立身的本钱。

路透社是现代世界上极有影响的新闻发布机构之一，从它的创立到现如今已有一百多年的历史了。路透社的创始人路透先生，始终都把诚实、公正作为新闻业的宗旨。

路透先生是位犹太人，1851 年的盛夏，路透和他的妻子一起来到英国的伦敦，他们想在那里开展自己的事业。而当时的英国有很多殖民地，被称为“日不落帝国”，并且首都伦敦也是一个非常繁华的城市，于是路透就想在伦敦发展自己的新闻业，把国际上发生的每一件大事作为新闻传播到地球上的每一个角落。

他在伦敦金融街的皇帝交易所大楼租了两间房子，只雇用了一个十二岁的小男孩作为职员，这样他的通讯办事处就算是开张了，他担任新闻社的社长。他每天都挨家挨户地到金融大街推销自己办事处的新闻快讯，经过几个月的不懈努力，两个人组成的路透社已经收到了很多的订单。甚至是和伦敦隔海相望的巴黎也是如此，而且还有不少人订阅路透社的新闻。不久，欧洲东部国家的一些商人也纷纷写信，希望能与路透友好合作，作为路透社在东欧的代理人。就这样，路透社在伦敦很快地发展和强大起来，并且还成为了通讯行业里的巨头。

路透社还运用了先进的通讯设备，为的是能够迅速地报道国内外大事。此外，他还把诚实、公正作为新闻发行的基本原则，并且对于每一条新闻都经过认真的调查，直到确定准确无误后，才发布到世界各地。时间长了，任何一个人都知道路透社是一个以诚信著称的新闻单位，而且从这里发布出来的新闻绝对可信，不会出现欺骗读者的小道消息和花边新闻。为了能够读到最快最准确的新闻快讯，世界各地的人们都纷纷订阅路透社发行的报纸。

在路透去世以后，就由他的儿子赫伯特继承了他的事业，他仍然坚持把诚实、公正作为新闻报道的原则，在他经营的前十年里，每年报社的营业额都会有大幅度的增长。赫伯特死后，他的独生子休伯特在战场上为了救自己的战友也牺牲了，路透家族因此没有了继承人，这一年也正好是路透诞辰一百周年。

如果世界上所有的人在商业交易中都很真诚，能讲真话，那么双方之间的合作就不会破裂。诚实是一条自然法则，违背它的人是会受到报应、受到应有的惩罚的，就像是万有引力定律不可违背一样，而诚实的定律也是不可违背的。违背的结果也就是受到惩罚，并且还是不可逃脱的惩罚。他们或许可以暂时地逃避，最终还是无法逃避公道的。就像90%的成功人士的经验所证明的，这是一条在生活中的任何方面都行得通的法则。

正直也属于一笔值得珍惜的财富。为什么成千上万的商人在芝加哥大火中失去所有的财富，却仍然可以迅速东山再起呢？有些人甚至还成了规模更大的批发商。他们就是有了创业的资本。然而，所谓的诚实信用就是他们的银行账户。他们被别人认为是正直的人。而且他们从不拖欠，也很勤奋，对所有的人都很讲信用。这种声誉就是东山再起的资本。这种声誉让一个身无分文的人可以买到数千万美元的货物。虽然大火毁掉了商店，毁不掉的却是正直的声誉。

一个人有了信誉,就可以说拥有了一种生存立足的资本,只要再加以完善,就可以过一种既富足又快乐的人生；一旦失去信誉，就好比一棵轰然倒下的大树，再也没有它生存的空间。

信用对于做人十分重要，古圣先贤认为信用是为人之本，它的范畴相当广泛,其中包括个体和全部。个人没有信用,就没有人相信,不被人相信的人,就不能在社会上立足，干不出什么大事；政府没有信用，人民就不相信，不被人民相信的政府，政令就不能施行，国家就治理不好，终将会垮台。

在《论语》中记载了孔子关于“无信不立”的故事。

子贡问孔子：“治理国家需要哪些条件？”

孔子回答说：“老百姓有足够的粮食（足食），有强大的军队保卫国家（足兵），老百姓对国家有信任感（民信）。”

子贡又问：“如果迫不得已必须缺少一个条件，三者中少哪一个好？”

孔子答：“去兵。”

子贡又问："在剩下两个条件中，如果必须再去掉一个，去哪一个好？"

孔子答："去食。自古以来死亡是正常的，然而民无信不立。"

所以在孔子看来，治理国家，"民信"比"足食""足兵"更重要，因为一旦老百姓不信任国家，国家就不可能屹立。而这对于个人来说也是一个道理。你可以相对薄弱一点，也可以不富裕，但你万万不可缺少了信誉。如果一个人得不到别人的信任，他是孤立于各种人群之外的，他就不可能有所作为。因为得不到别人的信任就得不到别人的支持和拥护，单凭个人的才能是无法闯荡天下的，是成就不了大事的。

古能成大事大业者，多能布信义于天下。信与义相结合，就大得人心，故得人信任、支持和拥护。齐桓公、晋文公能称霸于天下，就是最好的例证。诸葛亮一生以信义为其做人行事的准则，因而得军心，故能以 5 万兵力抗击魏 30 万大军，使司马懿畏蜀如虎。

信用历来受到人们的重视，所以有"一诺千金"的典故。商鞅能变法成功，明太祖能取得国治，都因一言既出一定照办，而得到人民的信任。唐初出现贞观之治，是因其君以信为治国之纲，唐太宗主张待人以清，反对行诈，他说："流水清浊，在其源也。君者政源庶人犹水。君自为诈，欲臣下行直，是犹浊源而望水清，理不可得。"魏征认为要管好国家在于"上下相信"，"上不信则无以服下，下不信则无以事上，信之为道大矣。"

在历史上，项羽给我们提供了一个典型的反面例子。

论抱负，项羽在秦始皇出游时，路上所有行人全部驻足观看而不敢仰视，而项羽却敢说出"我可取代他"；论能力，"力拔山兮气盖世"，他在垓下突围时，仅率 28 骑在层层包围中，杀汉将、夺汉旗，仅以死两个士兵的代价冲出包围圈；论谋略，项羽在战秦兵时，战无不胜，攻无不克，令秦军闻风丧胆。那么，究竟是什么使得一个英雄落得个"自刎"的下场，演出一场惊心动魄的"霸王别姬"呢？究其缘由是诚信使然。

项羽每攻克一座城，并没有像刘邦一样“约法三章”，从而失去了百姓的信任。在鸿门宴上，项羽本打算杀刘邦，但被项伯劝了几句便打消了杀刘邦的念头。谋士范增几次举杯示意除刘，但项羽重感情，爱面子，视而不见，在刘邦托辞离去，项羽还不派人去追，反而接受了刘邦托谋士张良所赠送的玉佩，气得范增当场摔碎玉佩，骂道：“竖子，不足与谋。”他又失去了谋士范增的信任。项羽对待手下将领，也和刘邦不一样，项羽动不动就打骂手下将士，手下将士敢怒不敢言，难以对项羽信任。这样，在项羽军队强大时，百姓虽然有怨气不敢出，但心已倒向刘邦一边，手下将领也能按命令去行事，但肯定没有刘邦的军士那么卖命。而一旦项羽的军队减弱时，百姓便开始公然支持刘邦,手下将领也无心再战了。范增就更不用说，自骂了项羽“竖子”以后，便不再相信项羽能有什么作为了。所以，项羽的悲剧是失去信任的自然结局。

我们现在的这个时代相比项羽所处的时代，对个人素质提出了越来越高的要求，但作为个体，单个人的精力和时间都是有限的，没有人能够样样精通，每个人都各有所长，各有所短。这样，要完成一件综合性强的事情，就必须实现人与人之间的合作。而且，随着信息时代的来到，信息量十分巨大，一个人不可能掌握所有的信息，信息资源在每个人身上所分配的种类和数量也是不同的。作为个体，一个人只有充分发挥自己所掌握的信息资源和尽可能利用别人掌握的信息资源，才有可能完成自己的目标。由此可以看出，在人与人之间发生交流时实现合作是必不可少的，而信誉则是人际交流的法宝和人际合作的前提。

只有合作才有大事业与大成就，合作的前提就是讲信用、有信誉。如果双方中有一个不讲信用、不信守承诺或者两个人都不讲信用，则这种合作是不可能成功的。合同、协议的出现就是针对此类情况而来的，因为它们可能制约合作双方，在有一方不履行合同内容时，可以根据合同强制其履行或用法律制裁他。反过来，信誉又促进合作。合作双方都讲信用，都有信誉，那这种合作则是顺利的，有利于双方的共同发展。所以，可以这么说："没有信誉则没有真正意义上的合作。"

诚信能创造真正的财富

作为一个商人来说，诚信永远是摆在第一位的，没有哪家百年老字号是靠欺骗来享誉百年的，也没有哪个人能靠欺骗在商场中游刃有余一辈子，无论古今中外都是如此。

1. 诚实是战胜一切的不二法门

诚实是做人的基本品德，是一切德行的基础。一个人连诚实都做不到，其他的品德都谈不上了。回顾李嘉诚经商的历史，他在许多重要的关头，都以诚实和道德作为第一要则。

当年，李嘉诚准备辞去塑胶公司的工作而自己创业时，在向老板递交辞呈时他说了一句老实话："我离开你的塑胶公司，是打算自己办一间塑胶厂，我难免会使用在你手下学到的技术，也大概会开发一些同样的产品，现在塑胶厂遍地开花，我不这样做，别人也会这样做。不过我绝不会把客户带走，用你的销售网推销我的产品，我会另外开辟销售线路。"当时，李嘉诚正是怀着愧疚之情离开的。

俗话说"精诚所至，金石为开"，我们必须坚持诚实待人，老老实实做人的原则。李嘉诚正是靠"诚实"，渡过了一次一次生意难关。在塑胶厂濒临倒闭的那些日子里，工厂笼罩在愁云惨雾之中，刚开始，李嘉诚不敢承认自己的经营失误，在母亲的教诲之下，他终于悟出了"诚实是做人处世之本，是战胜一切的不二法门"。于是，李嘉诚召集全体员工开会，他坦诚地承认自己经营错误，不仅拖垮了工厂，损害了工厂的信誉，还连累了员工。他保证，经营一有转机，辞退的员工都可以回来上班。此后，他一一拜访银行、原料商、客户，向他们认错道歉，祈求原谅，并保证在放宽的限期内一定偿还欠款。

李嘉诚的诚实和诚信，赢得了全体员工及其他人的谅解。员工士气大振，工作比原来还努力；银行放宽偿还贷款的期限，但在未偿还贷款前，不再发放新贷款；原料商也放宽付货款的期限，并提出需要再进原料，必须先付70%的货款。后来，经过全体员工的不懈努力，原来的承诺都一一兑现了。靠李嘉诚的诚实经营，长江塑胶厂终于走出危机，为以后商业帝国的缔造奠定了坚实的基础。

李嘉诚从“诚信”那里得到了很大的好处，如果没有诚信，他绝对不可能成功。诚实做人和严守道德使李嘉诚的事业始终立于不败之地。

诚实有巨大的人格感召力。说话诚实，做事诚实，内心诚实，就会令人信服。企业经营者要以诚对待顾客和员工。以诚待人，才能得到友谊和真情，得到别人的信任和尊敬。对于商人来说，老老实实经商是生意做大的根本。诚然，商人以谋利为目的，有些商人为了在短时间内谋取到更大的利益，便可能采取了一些不诚实、不道德的方法，但是这些做法很快就会被揭穿，很多客户就会离你远去。

俗话说：“沙地里长出的树再怎么扶也扶不起来。”李嘉诚曾在公开场合说自己不是做生意的料，那是因为他不符合中国人所说的无商不奸的标准，他从小就养成了诚实守信、诚恳待人的习惯。正是因为这些，他才做出了全亚洲独一无二的大生意，成为华人首富。因此，做生意，诚实是做人和经商的根本，谁违背了这个最基本的原则，谁就会受到市场无情的惩罚。反之，事业就会蒸蒸日上。

诚信是一个人的立世之本，是商人发家的秘籍。真正的成功者是以诚实为做人之道，懂得诚实是获得彼此信任的基石。道理虽然简单，但是真正能做到的又有几人呢？许多人把诚信与精明对立起来，认为诚信的人不精明，精明的人不诚信，其实这是一种片面、极端的看法。

（1）不要太过于精明。对于一个商人来说，学会分析市场趋势、掌握投资技巧，都要求尽可能精明一点，这是无可厚非的；但是，在与别人合作时，不要过于精明，太精明而不诚信，会招人讨厌，遭人离弃，失去合作伙伴和优秀员工，什么事也做不成。

（2）重视诺言，会带来利润回报。商场如战场，充满投机取巧和激烈的竞争，是“你死我活”的战场。但必须坚持诚信原则，谁先悟出这个道理，谁就先得到；谁违背了它，市场就先惩罚他。李嘉诚在回忆自己的创业岁月时说：“我深刻感受到，资金，是企业的血液，是企业生命的源泉；信誉、诚实，也是生命，有时比自己的生命还重要！”因此，对生意人来说，守“信”才能生存，才能获得利润回报。

（3）用真实的行动打动客户。对于一个商人来说，信用是很重要的。在与别人合作时，我们必须以真实的行动来打动客户，经受客户的考察和考验。如果采取坑蒙拐骗的伎俩做生意，这种目光短浅的做法势必让我们有朝一日进退维谷，在商场上失去立足之地。此外，我们还得以长远的眼光看问题。比如，有时候，原料涨价，产品跟着涨价就行了，但是这会让你失去一些客户。相反，眼光长远一点儿，通过降低成本等手段渡过难关，客户会更信赖你，以后的日子会更好过。这是守“信”带来的好处。

2. 诚信会给自己带来财富

做人的基本要求就是诚信。我国著名的翻译家傅雷先生说：“一个人只要真诚，总能打动人的，即使人家一时不了解，日后便会了解的。说话绕圈子，躲躲闪闪，反而叫人疑心；生意上与其耍手段，倒不如光明正大，实话实说，只要态度诚恳、谦卑、恭敬，你一定会获得他人的认可。”

以诚待人，在可以信赖的人们之间架起心灵之桥，通过这座桥，打开对方心灵的大门，并在此基础上并肩携手，合作共事。没有诚心，朋友会离你远去；没有诚意，客户会对你敬而远之。

一代红顶商人胡雪岩，就懂得信用的重要性。他认为只有讲信用，才能有不断的财源，也才会有商场立身之本。

我们知道，商务运作中买卖双方的关系，就是一种利益交换关系。这种交换，本质上应该是一种互利互惠的自愿交换，只有以自愿为原则，以互利为目的，这种交换关系才能长期保持，也才会有生意的兴隆。胡雪岩精于经商之中的规则，所以非常注重信义。俗话说，“信义通商”、“诚招天下客”，能以自己的信用诚实招徕天下客，生意也就没有不兴隆的道理。

胡雪岩认为“不讲信用就是赖”，他宁可自己一分钱都没有，也不愿意坑了储户，这就是他做生意诚信的真实写照。

上海发生挤兑风潮，阜康钱庄不得不关门停业，第二天很快就波及杭州。杭州钱庄里所存现银仅有四十万两，如果挤兑风潮席卷而来，明显无法支撑。此时胡雪岩还在回杭州的船上，回到杭州至少还需要两天，杭州只有钱庄档手谢云清和螺蛳太太，面对挤兑风潮，他们都乱了阵脚，两人均认为钱庄必须暂时关门停业。他们认为以此先为胡雪岩保住阜康钱庄现存的几十万两现银，留作万一无可挽回时东山再起的资本。总之，他们都是为胡雪岩着想。

但让人没有想到的是告示一出，马上激起了轩然大波。在阜康有存款的客户纷纷拥到阜康钱庄，要求立即提现。这时，幸亏曾得到胡雪岩资助的杭州府书办周少棠挺身而出，才没有闹出更大的乱子。

胡雪岩回来后，狠狠地批评了他们一番。他认为不管出于怎样的考虑，这样做都是对客户不守信用，是在搬起石头砸自己的脚。钱庄对客户的信用，就是为客户着想，对客户的信托负责。无论在什么情况下，客户都有权向钱庄依约索回自己的存款，想通过关门停业拒绝客户提现，这是最大的不讲信用。

“诚信”是经商之本，离开了“诚信”，则无生意可言。诚信是经商的法宝，也许一般商人只看重钱，为钱而不择手段，而真正成功的商人总是把诚信放在第一位。偷奸耍滑只会带来一时的快感或短期的“效益”，而诚实的为人和不懈的努力才会带来长期持久的生意。

3. 诚信是现代商家的立身之本

一个犹太商人在集市上从一个阿拉伯人那里买了一头驴回家，家里人一见非常高兴，就把驴牵到河边洗澡。恰好此时，驴脖子上掉下来一颗很大的钻石，光芒四射，家里人欢呼雀跃，认为这是上天所赐的礼物，当家里人兴高采烈地把这颗钻石带回家时，犹太商人却平静地说：“我们应该把这颗钻石还给那位阿拉伯人。”

家里的人不解，犹太商人严肃地说：“我们买的是驴子，不是钻石，我们犹太人只能留下属于我们自己的东西。”于是把钻石送还给了阿拉伯人。

阿拉伯人见到钻石很惊奇，对犹太商人说道：“你买了这头驴，钻石在这头驴身上，那你就拥有了这颗钻石，你不必还我了，还是自己拿着吧。”犹太商人回答道：“这是我们的传统，我们只能拿支付过金钱的东西，所以钻石必须还给你。”

两千多年来，大多数犹太人都是这样，经商的时候一定讲诚信。他们认为诚信经商是商人最大之善，所以在生意场上，他们最为看重诚信。

经商诚为本，就是要求商家在一切经营活动中必须诚实守信。因为诚是一切道德行为的基础和加强道德修养的前提，更是商家立足发展的根本。所以朱熹曾告诫人们：“诚是自然底实，信是做人底实。”

在经营活动中，如果我们恪守“经商诚为本”的理念，牢记“无诚则无德、无诚则事难成”之准则，就会使所进行的活动得到消费者的认可和信赖，就会达到在真诚为基础上的那种与消费者相融的亲近感；就会为商家创造出一个以信赖为前提的那种与广大顾客心贴心的甜美氛围。

正泰集团董事长南存辉说过，诚信对企业而言是一笔无形资产，是立业之本。特别是在市场经济日益深入，国际竞争越来越激烈的今天，信誉资源比任何时候都显得宝贵。

一次，几位中亚客商带了一亿多元的大订单来到中国考察。他们来到正泰，南存辉开始向他们介绍正泰的情况。

这时，对方翻译突然打断南存辉的讲话，他说："我是中国人，希望中国企业能拿下这笔大订单。你可以把企业的规模说得大一些，他们会相信的。"

南存辉笑了笑，他说："没有必要，是多大就多大，生意做不成事小，丢了诚信事大。"

南存辉继续说起正泰的优势、双方的合作前景，也说起存在的不足和可能出现的困难。

结果，这笔业务成交。外商还称赞，南存辉是位坦诚的商人。

正泰集团之所以用"正泰"这个名字，目的是体现"正气泰然"的思想。南存辉是这样说的："经营要走正道，为人要讲正气，产品要正宗，要讲信誉。"这种"正气泰然"的思想一直影响着正泰的发展。

南存辉还积极倡导"两个 X − 1 = 0"的观点。南存辉是这样解释的：两个X，一个代表员工，一个代表产品。正泰有一万多名员工，只要有一个员工不讲诚信，正泰的形象就等于零；同样道理，正泰每年有千万件产品出厂，只要有一件不合格，那么正泰的产品在用户的心目中的信用度也等于零。

当有人问南存辉："如果你的一个部下能干但不太讲诚信，企业内部还暂时没有人可以替代，你会对他怎么样？"南存辉毫不犹豫地回答："诚信是一个人的立身之本，也是一个企业的立市之本，不讲诚信，再能干的人，也只能'忍痛割爱'。"

如今，正泰已经是温州有名的企业，南存辉依然视诚信为立身之本。他说："我们在创业中是非常艰苦的，就是靠诚信，一步一个脚印走过来。""正泰在温州'假冒伪劣'的环境中得以脱颖而出，发展壮大，并成为中国低压电器行业第一批认定的驰名商标，成为中国工业电器公认的品牌，正是坚持诚信获得的成功。"南存辉也被认为是温州商人中最有信用的一个，这可以从银行对他的信任中体现出来。

南存辉的个人信用可以使他顺利地从银行贷款3亿元！正如南存辉所说：“信用对于我意味着一支笔值3个亿，因为银行对正泰的授信额度是3个亿，只要有我的签字，正泰立刻可以从银行拿到这笔钱。”

不仅仅是像正泰这样的大企业，像南存辉这样的大商人才注重诚信。大多数的温州人在经商的过程中都视诚信为为人处世的准则。

不守诚信，或许可“赢一时之利”，但一定会“失长久之利”。做生意，首先要诚信，诚信是为人处世的根本，也是经商的必备美德。

纵观世界各国，那些在商海中英勇善战，立于不败之地的大公司大集团，他们的成功固然与其领军人物敢于冒险、善于把握机遇等经营策略分不开，但在企业的发展壮大过程中，如果没有诚信作为精神支柱，再庞大再有实力的企业，也终将难逃破产倒闭的命运。

日本著名企业家松下幸之助在其经营理念中，一再强调诚实守信礼让的商业道德。从他的著作中可以看到：“智慧、时间、诚意都是企业的另一种投资。不懂得这个道理的人，也不是真正的公司从业人员”等，正是基于这样的经商之道，松下公司由弱变强，成为世界商界的一个巨头。

相反，一些无视诚信的经商者，唯利是图，搞商业欺诈，制假售假，其经营的企业只能过早地衰落。美国著名的安然公司，就是由于财务欺诈的重大舞弊行为，被迫关门歇业。我国的蓝田股份有限公司，也曾红极一时，广告做得铺天盖地，最终却因涉嫌提供虚假财务信息等原因，公司有关人员受到了法律的制裁。南京冠生园制售陈馅月饼，以次充好，最终在媒体的频频曝光下，遭到了世人唾弃。

诚信为先，是治商之根本。我国古代的晋商、徽商们正是悟到了其中真谛，才兴盛几百年不衰，获得商界栋梁之美誉。今日为商者，同样应尊崇诚信礼义仁为先的经商之道，唯此，企业才能获得旺盛的生命力，才能真正成为激烈商战中的赢家。

4. 诚信是企业最强的竞争力

随着市场经济的迅猛发展，企业间的竞争越来越趋激烈。企业要想在市场经济的激烈竞争中立于不败之地，必须遵守诚信的市场规则。诚信是企业最强的竞争力。

拥有诚信，企业才会树立良好的形象，才能得到消费者的信任，也才能在商海中占有一席之地。失去诚信，小到一个摊铺，大到一家企业，都很难生存下去。这已为事实所证明。

（1）知名企业顷刻倒闭。谁不想在轻松宁静的心态下生活，谁不想生活得踏踏实实？但近些年来，人们觉得自己活得好累，活得好不轻松，似乎患上了怀疑症：

朋友送来一瓶名酒，你拿起酒瓶左看右看，就是不敢打开喝，因为你怕是假酒；

老婆买来一只烧鸡，你拿起烧鸡左瞧右瞧，就是不敢撕开来吃，因为你怕是“地下加工厂”的“名牌”；

元宵节到了，单位里发了一盒元宵，你左瞅右瞅，就是不敢拿出来吃，因为你怕是陈年的月饼馅又派上了新用场……

虽然现在食品质量监督越来越到位，但你的疑心却并没有消除。事实上，你的担心也不是多余的，因为诚信的危机正在发生。随着诚信危机的爆发，有些企业的生命已经是岌岌可危。

企业生命为何垂危？有一个很重要的病根，就是诚信的丧失。“南京冠生园”的顷刻倒闭，就是如此。

提起“南京冠生园”，别说是南京的老百姓，就是北京、东京的人也不陌生。

曾几何时，人们以能吃上南京冠生园的食品为自豪。可现在，有几人敢买南京冠生园的食品。一个企业，如果失去了顾客，它的生命也就活到了尽头。南京冠生园当然也不能例外。

2002年2月4日，因“陈馅月饼”事件在全国掀起轩然大波的南京冠生园，以“经营不善，管理混乱，资不抵债”为由向南京市中级法院申请破产。

这家有着70年历史的知名企业，顷刻倒闭，令人伤感、痛惜。伤感、痛惜之余，人们纷纷对它的破产进行评说。

有人认为，“南京冠生园破产”是媒体曝光的结果，否则，一个好端端的老牌企业绝不会顷刻倒闭。

但绝大多数人认为，“南京冠生园破产”是企业自身丧失信誉的必然结果，是咎由自取。

多年里一直冲着冠生园这个老字号购买月饼的杨老先生至今仍感到气愤：“像这样把信誉当儿戏，不把消费者放在心里的店家，无论是老字号还是新店面，终究要完蛋。”

作为同行的南京桃源食品厂厂长孙学钰说，表面看来，“南冠”垮于媒体的曝光，而根子上是企业本身失去了起码的“诚信”，不重视产品质量，只想着获取不法利润，结果既害了消费者，又害了自己。

“南京冠生园的破产其实是信誉破产。”南京经济学院工商管理系副教授戴庆华一针见血地指出，“媒体曝光只是导火索，并非因果关系，而其信誉缺失迟早会出现这种结局。南京冠生园以牺牲信誉为代价攫取利益，无异于杀鸡取卵式的自杀行为。”

真是众说纷纭。那么“南京冠生园破产”到底是谁之过呢？让南京冠生园用自己的行为来给出答案吧！

2001年中秋节前，南京冠生园用陈馅翻炒后再制成月饼出售。该行为被中央电视台曝了光。

被媒体披露曝光后，一时民众哗然，各界齐声痛斥这种无信之举。南京冠生园的月饼顿时无人问津，很快被各地的商家撤下了柜台。许多商家甚至向消费者承诺：已经售出的冠生园月饼无条件退货。

面对危机，南京冠生园还是没有表现出应有的诚信。他们先是辩解称这种做法在行业内“非常普遍”，绝不是我冠生园一家；在卫生管理法规上，对月饼有保质期的要求，但对馅料并没有时间要求。言外之意是用陈馅来做新月饼并不违规。

随后，他们又匆忙发出了一份公开信，继续进行狡辩。而自始至终不向消费者做出任何道歉。他们的所作所为不仅令消费者更加寒心，也进一步将自身信誉丧失殆尽。

信誉的缺失使多年来一直以月饼为主要产品的南京冠生园被逐出了月饼市场，公司的其他产品如元宵、糕点等，也很快受到了“株连”，没人敢要。

看了南京冠生园的所作所为，我们不难给出答案。南京冠生园的破产，是企业自身丧失信誉的必然结果，是他们自己扼杀了自己。

一家具有 70 年历史的知名老字号企业倒下了，留下了深长的思考：

信誉是一个企业精神财富和生命所在；企业失去信誉，纵然一时得利，日后也必将吞下苦果。企业要生存和发展必当用心地守护信誉。诚信，是市场经济发展之本；欺诈，是导致企业衰败的毒瘤。

这也印证了袁野先生的一段话：“失去特色的品牌不再有忠诚，失去忠诚的品牌不再有市场，失去市场的品牌不再有诚信，失去诚信的品牌将不再有资本！”

（2）两个老人卖鸡蛋的兴衰。“生意兴隆通四海，财源茂盛达三江”，这是几乎所有的商家都很喜欢的一副对联。

的确，作为在商海的搏击者，谁不希望自己的生意红红火火，分店落户扎根全球，客户遍布海角天涯；谁不希望自己的生意财源滚滚，日进斗金，月入万银。但如何实现这一愿望，却历来有两种不同的选择。一是靠投机；二是靠诚信。

事实证明，投机致富者，不能久远；只有诚实，才能立于不败之地。

2002 年 3 月 31 日的《人民日报》曾登载了河北石家庄谷文晓所撰写《诚信是生存之道》一文，文章用生动的事例阐述了这一道理。文章说：

在我们的家属院，以前常有两个卖鸡蛋的老人来，一个稍胖，一个微瘦。胖老人脾气倔，人们很难从他那儿“砍”下价来；而瘦老人则总是好说好商量。

然而我发现，胖老人虽说话生硬，人们却总是争相购买他的鸡蛋；而瘦老人的摊位却很少有人问津。

后来才听说，原来，胖老人卖鸡蛋时，足斤足两；而瘦老人有时利用人们的粗心在秤上捣鬼，缺斤少两的事时有发生。最近，已经看不到瘦老人的身影。

两个老人卖鸡蛋的兴衰，再次证明这样一个道理：在市场经济中做买卖的人，只有讲信用，重信誉，求质量，童叟无欺，才能长久生存和发展。靠欺骗、欺诈顾客谋取利益，只能得利一时，不能得利一世。你欺骗了顾客，也许他们不会对你兴师问罪，穷追不舍，但他们可以用看似最无奈其实也最有效的办法——不买你的商品来回击你，使你的生意无法再做下去。这就是市场经济的运行法则。瘦老人就是因为卖鸡蛋时偶尔缺斤少两被心细的顾客发现告诉了他人，而后一传十，十传百，有了一个坏名声，人们才不买他的鸡蛋的。

这件事使我想起了林肯的一句话：“你可以一时欺骗所有的人，也可以永远欺骗一些人，但不能永远欺骗所有的人。”

在市场经济条件下，诚信不仅是立身之本，也是生存之道。不讲诚信的人，无异于自己砸自己的“饭碗”，自己拆自己的“舞台”，自己断自己的生路！

事实上，这道理早就为人所知。古时候陕西有位商人樊现便说：“贸易之际，人以欺为计，予以不欺为计，故吾日益而彼日损。”

（3）35 次越洋电话。在管理经营教学活动中，有这样一个经典案例。这个案例更生动地说明了诚信是企业最强的竞争力的事实。

一天，一位名叫基泰斯的美国女记者在日本东京小田急百货公司购买了一台电唱机，准备作为见面礼送给在东京的婆婆。

小田急百货公司的售货员彬彬有礼地为她精心挑选了一台半启封的电唱机，基泰斯高兴地把它带回了住所。

可是，当基泰斯开机试用时，她却发现电唱机没有装内件，根本没有办法使用。基泰斯非常恼火，准备第二天去找小田急百货公司理论，并立即动手写了一篇题为《笑脸背后的真面目》的新闻稿，传真到了她所供职的报社。

谁知，第二天清晨，一辆汽车开到了她的住处。从车上下来的是小田急百货公司的副经理和一位拎着大皮箱的职员。他俩一见基泰斯就俯首鞠躬，表示歉意。基泰斯很惊讶，不知道他们是怎样找到她的住所的。

那位经理讲述了大致的经过。原来，在卖出货物的当天下午，他在清查商品时，发现错将一个空心的货样卖给了一位顾客。因为此事至关重大，他迅速召集全体公关人员商议，寻求办法。可以说是费尽周折，总算从顾客留下的一张美国某报的名片里发现了线索。

通过这一线索，他们打了35次越洋电话，最终从美国纽约得到了顾客东京婆婆家的电话号码，找到了顾客的住所。

经理讲完经过，亲手将一台完好的电唱机外加一张唱片、一盒蛋糕奉上。

小田急百货公司所做的这一切深深地打动了基泰斯。她立即打越洋电话给美国报社，告知报社，昨天的传真稿件停发，她又有新的重要稿件发出。随后，她马上赶写了一篇《35次紧急电话》的新闻稿。

报社接到稿件，考虑到基泰斯两篇稿件的视点不同，便配上编者按，将两篇稿件全部刊发了。

基泰斯回国后，将刊发的稿件寄给了小田急百货公司。小田急百货公司把这两份稿件给了日本某报。

随后，日本的几家报纸都争相转发了这两份稿件。从此，小田急百货公司的声誉大大提高，经营活动也越来越好。

一个企业的发展需要人力、设备、原材料、生产技术、环境、资金、能源、信息等多种资源。诚信虽然不像人力、设备、原材料等看得见，摸得着，但却是最重要的“资源”。从某种意义上讲，诚信也是企业重要的生产力。这已经被实践所证明。

第六章　学会用“钱”生钱

商业运作就像“蹬三轮”

从事任何商业活动,本质上就是把现金、利润和资产收益这三个轮子玩转,并且要转得协调。有人叫它“三轮”模型。前面的一个轮子，是利润轮，这个轮子的意义是任何经营活动都不能亏损。不仅要在周转中不断提升销售额,而且要在周转的过程中能够转出利润来。

利润轮虽然是判断一切商业活动可行性的根本，但单靠这个轮子还不够,还必须要让另一个轮子也转起来，这就是现金轮。如果在商业计划的实行过程中，现金出了问题，再好的游戏都是玩不下去的。如果这两个轮子都转了起来，并且还能够满足投资者的目标，收益水平超过股东预期的标准，股东也满意，那就让第三个轮子资产收益轮也转起来。

有这样一个故事。一个国王远行前，交给三个仆人每人一锭银子，吩咐他们：“你们去做生意，等我回来时，再来见我。”国王回来时，第一个仆人说：“主人，你交给我的一锭银子，我已赚了10锭。”于是国王奖励他10座城邑。第二个仆人报告说：“主人，你给我的一锭银子，我已赚了5锭。”于是国王也奖励了他5座城邑。第三个仆人报告说：“主人，你给我的一锭银子，我一直包在手巾里存着，我怕丢失，一直没有拿出来。”于是国王将第三个仆人的一锭银子也赏给第一个仆人，并且说：“凡是少的，就连他所有的也要夺过来。凡是多的，还要给他，叫他多多益善。”这就是马太效应。

对企业经营发展而言，马太效应则告诉我们，要想在某一个领域保持优势，就必须在此领域迅速做大。当你成为某个领域的领头羊的时候，即使投资回报率相同，你也能更轻易地获得比弱小的同行更大的收益。否则，就要不停地寻找新的发展领域，才能保证获得较好的回报。

利息不等于钱生钱

作为商人，有一条重要的原则——如何把手中的钱用活。

著名的美国通用汽车制造公司的高级专家赫特曾说过这样一段耐人寻味的话：“在私人公司里，追求利润并不是主要目的，重要的是如何把手中的钱用活。”

对这个道理，许多商人都是明白的，但却没有在实践中很好地去应用。往往一到公司略有盈余，他们便开始胆怯，不敢再像创业时那样敢作敢想，总怕到手的钱因投资失败又飞了，赶快存进银行，以备应急之用，似乎这样才有安全感。虽然确保资金的安全乃是人们心中理性的想法，但是在当今飞速发展，竞争激烈的经济形势下，持续稳定的增长更重要。这些钱完全可以用来购置房产、铺面，来增加自己的固定资产，到10年以后回头再看，就不仅拥有银行的大笔存款，还拥有已增值几十倍的企业财产。

对于这一点，并不是每一个人都能看到并敢作敢为的。主要因为愿意去冒险的人毕竟是少数，更多的人则是并不清楚自己的企业已经发展到了哪一个阶段以及该做些什么。

有的人认为钱存在银行能赚取利息，能享受到复利，这样就算是对闲置资金做了妥善的安排，已经达到钱生钱的目的了。事实上，利息在通货膨胀的侵蚀下，实质报酬率接近于零，等于没有使钱生值。

每一个人最后能拥有多少财富，难以事先预测，唯一能确定的是，将钱存在银行而想致富，难如登天，试问，你可曾听说有单靠银行存款而致富的人？

将所有积蓄都存在银行的人，到了年老时不但没有致富，常常连财务自主都无法达到。选择以银行存款作为钱生钱方式的人，其着眼点不外乎是为了安全，但是我们必须了解："钱存在银行短期是最安全，但对于长期却是最危险的理财方式。"

通常穷人对于富人之所以能够致富，较负面的想法是将富人致富的原因，归诸于运气好或者从事不正当或违法的行业。较正面的看法是将富人致富的原因，归诸于富人较自己努力。但这些人却没想到，真正造成他们财富差距悬殊的，是他们的理财习惯。因为穷人与富人的理财方式不同，富人的财产多是以房地产、股票的方式存放，穷人的财产多是存放在银行。

在每年10月份，诺贝尔奖委员会都会公布得奖名单。诺贝尔奖之所以能受到全球瞩目，不仅因为它代表着为人类进步做出重大贡献人的最高荣誉，还有一个原因是因为每个受奖者可获得高额的奖金。

诺贝尔基金会每年发布五个奖项，因而每年必须支付高达500万美元的巨额奖金。人们不禁要问，诺贝尔基金会的基金到底有多少，能够承担起每年巨额的奖金支出？事实上，诺贝尔基金之所以能够顺利支付，除了诺贝尔本人在100多年前捐献一笔庞大的基金外，更重要的应归功于诺贝尔基金会的理财有方。

诺贝尔基金会成立于1896年，由诺贝尔捐献980万美元。由于该基金会成立的目的是用于支付奖金，基金的管理不容许出任何差错。因此，基金会成立初期，其章程中明确地制定了基金的投资范围，应限制在安全且固定收益的投资项目上，例如银行存款与公债，尤其不能投资于股票或房地产，那样会让基金处于价格涨跌的风险之中。

这种保本重于低报酬率、安全至上的投资原则，的确是稳健的做法，基金不可能发生损失的危险。但牺牲报酬率的结果是：随着每年奖金的发放与基金会运作的开销，历经50多年后，低报酬率使得诺贝尔基金的资产流失了2/3，到了1953年该基金的资产只剩下

300多万美元。

眼见基金的资产将逐渐消耗殆尽，诺贝尔基金会的理事们及时觉醒，意识到提高投资报酬率对财富累积的重要性，于是在1953年做出了突破性的改革：更改基金管理章程，将原先只准存放银行与买公债的基金转向投资股票和房地产。新的理财观一举扭转了整个诺贝尔基金的命运，其后的40年，巨额奖金照发、基金会照常运作，到了现在，基金会不但将过去的亏损全数赚回，基金的总资产更是达到2.7亿多美元。

诺贝尔基金会的理财方法告诉我们，把钱存在银行里靠收取利息是不会得到太多的钱财的，只有通过多种理财渠道才能让钱变出更多的钱。

如何用活钱是一门大学问

如何把手中的钱用活，是经商的一门大学问。也是“活钱”和“死钱”的区别。

死钱就是用掉这些钱后，你会惊呼一声“啊！糟了”。投资效果等于零的支出，就称为“死钱”。

活钱正好相反，用了之后你会认为：“我花得很对。”换言之，活钱就是一种具有钱生钱效果的支出。

家住深圳福田的王利英女士，是个典型的会让钱生钱的人。1987年，她利用村里发给她家的4万元征地损失补偿费再加上借来的6万元，在布尾村盖了一栋5层共10套的住房用于出租。1990年还清全部借款。1991年开始，她利用每月收回1万多元的租金炒股，日积月累不间断，到1995年10月，她炒股赚了290多万元。1996年正值股票牛市时，她把自己80%的股票抛了，然后用这批款又在布尾村盖了一栋10层有72套住房、4间商铺的小群楼。1998年春节后出租。她曾给自己算了笔账：4间商铺每间月租4500元，年收入21万多元；72套住房发租70套，每套月租1700元，年收入140多万元，再加上旧房租金，年收入就是180多万元。1998年王女士又利用自己在深圳每月收回的房租，在香港按揭购房出租，如今她的资产已超过4000万元。

由4万元到4000万元，这惊人的赚钱变化，不少人认为王女士有高超的赚钱魔术，可王女士说，她没什么绝招，靠的是家中“不闲钱”，用钱生钱，让小钱生大钱。

有一个人，他利用少许的资金，顶了一家占地7平方米、装潢极差的咖啡店。开业后，他几乎每天都从天不亮工作到深夜，不到一年，这家咖啡厅就逐渐上轨道了。

赚了钱，若暂且松一口气，去享受或奢侈一下，这原是人之常情。何况他为了筹措开业资金，连西装都舍不得买，更别谈休闲活动了。但是，他却依然如故，住在狭窄的公寓内，生活仍和以前一样节省，而且把所赚的钱都投入咖啡店中。咖啡店原本没有冷气设备，一赚了钱他马上安装，换壁纸，重做招牌，购买新椅子、桌子，并买一些油画来装饰……总之，他不断地改装内外，使它焕然一新。等他的咖啡店不输给任何一家时，他还继续把三分之一的利润用在装饰上。

从开业到现在25年，店面不仅扩大为原先的几十倍，而且到处都装饰着高价的古董和油画。

如果在当时，他没把赚得的钱先投资到店中，而急着过奢侈生活的话，说不定也早已倒闭了。

可见，只有成为投资者，善于把钱用活，才不会总处在经济匮乏的困境中，才会拥有惊人的财富。

以钱养钱，以钱生钱

很多人都听说过“送人家皮夹，钱包里面一定要记得放钱”这种说法。所以你自己的皮夹也要记得别总是空空如也，尽量放个让你安心的数字。

有一个商人有一张栩栩如生、几乎乱真的假钞，面额是100万美元，他一直把它放在他的皮夹里。

和朋友吃饭时，他说：“这顿饭我请，可是我没有零钱啊。你们看，我只带了这一张，要不然谁和我换一下好了，我也好把它找开。换些零钱可以用用。”认为他一定是开玩笑的人，通常是比较没钱的朋友。有几位当大老板的朋友倒是一派认真地说：“这我知道，外面是不流通的。这多半是银行同业之间用来方便转移交换的。”“我换我换，1比30好不好？”

他后来把它放在保险箱中，和一整包的美元现钞放在一起。假钞自然是不能花的，但能起到精神寄托的作用，他把那张“百万美钞”叫做“钱母”，以“钱”养钱。

在古代的巴比伦城里，有一位闻名遐迩的富翁叫亚凯德。他为人慷慨，乐善好施，对慈善捐款他毫不吝啬，自己用钱也很大度，即使这样，他每年的金钱的收入都会增加，大大超过金钱的支出。

有一天，一些儿时的老朋友们来拜访他，他们感叹：“亚凯德，幸运之神可真是眷顾你啊！当我们还在勉强糊口的时候，你已经成为巴比伦的第一富翁，你可以穿着最华丽的服装，你可以随时享用最珍贵的食物。我们若能有你一半的幸运，可以让家人穿着漂亮的衣服，吃着可口的食物，也就不虚此生了。”

“但是，以前，大家都是平等的，大家都向同一位老师求学，大家玩相同的游戏，在那个时候，无论读书或是游戏，你都和我们一样，丝毫没有特别的地方。幼年时代过去以后，我们大家也都是同等身份的平民，可是，你先成了亿万富翁，我们却终日饱受穷困的折磨。”

“根据我们的观察，你工作并不比我们更辛苦，甚至有时还不如我们。可是，为什么变化多端的命运之神，偏偏要叫你享尽一切荣华，却一点儿也不眷顾我们呢？”

亚凯德听到这些话，就忠告他们说：“这些话虽然不错，但你们没有发现根本的原因。这个原因就是你们没有学到也没有实行致富的原则，你们还不明白这个道理：财富就如同一棵大树，任何一棵大树都是从一粒小小的种子长成的。金钱就是种子，你越勤奋栽培，它就长得越快，最终会长成一棵茂盛的大树！”

由此可见，财富不能靠单纯的积累，只有学会以钱养钱、善于投资，才能成为一个真正的富人。

亚凯德说：“我的第一个囤积金钱的仓库，就是一个破烂不堪的钱包，我常常为空钱包发愁，因为我要使它变得饱满，所以拼命追求发财秘诀，终于让我找到了发财秘诀。”

赚钱的方法就是金钱的来源，做完一件工作你的钱包里就多一份财富。由此可见，钱包里涌进的金钱是和赚钱的本领有密切关系的。

积累财富不能靠工资，而要靠投资

财富积累必须靠资本的积累，要靠资本运作。对普通人来讲，靠工资永远富不起来，只有通过有效的投资，让自己的钱流动起来，才能较快地积累起可观的财富。

一般来说，创造财富的途径有两种主要模式。第一种是打工，目前靠打工获取工薪的人占 90%左右；第二种是投资，目前这类群体占总人数的 10%左右。

一些专业人士对创造财富的两种主要途径进行了分析，发现了一个普遍的结果：如果靠投资致富，财富目标则比打工的要高得多。例如，具有“投资第一人”之称的亿万富豪沃伦·巴菲特就是通过一辈子的投资致富，财富达到 440 亿美元。还有沙特阿拉伯的阿尔萨德王储也通过投资致富，他目前才 50 岁，但早在 2005 年，他的财富就已达到 237 亿美元，名列世界富豪榜前 5 名。

通常来说，在个人创造财富方面，比起投资，打工能够达到的财富级别十分有限。但打工所要求的条件和“技术含量”较低，而投资创业需要有一定的特质和条件，因此绝大多数人还是选择打工并获取有限的回报。但事实上，投资是我们每一个人都可为、都要为的事。从世界财富积累与创造的现象分析来看，真正决定我们财富水平的关键，不是你选择打工还是创业，而是你选择了投资致富，并进行了有效的投资。

通用电气前总裁杰克·韦尔奇号称“打工皇帝”，他年薪超过千万美元。巴菲特是世界“投资第一人”。我们可以通过这两个典型人物的财富对比，来揭示打工致富与投资致富的区别。巴菲特 50 多年前创建伯克希尔·哈撒韦公司的时候，仅投入 1500 万美元，后来通过全球性多样性的投资，成为世界上最有钱的人之一。韦尔奇拥有超过 4 亿美元的身价，与巴菲特的 4400 亿美元财富相比，就显得太少了。可见致富方式选择的差别，最终决定了韦尔奇与巴菲特之间还存在着那么遥远的财富距离。

贫富的关键在于如何投资理财。巴菲特说过：一生能积累多少财富，不取决于你能够赚多少钱，而取决于你如何投资理财。亚洲巨富李嘉诚也主张：20 岁以前，所有的钱都是靠双手勤劳换来的，20 ~ 30 岁之间是努力赚钱和存钱的时候，30 岁以后，投资理财的重要性逐渐提高。所以李嘉诚有一句名言：“30 岁以前人要靠体力、智力赚钱，30 岁之后要靠钱赚钱（投资）。”钱找钱胜过人找钱，要懂得让钱为你工作，而不是你为钱工作。中国的俗语也说：人两脚，钱四脚。意思是说钱有 4 只脚，钱追钱，比人追钱快多了。为了证明“钱追钱快过人追钱”，一些人研究起了和信企业集团（台湾排名前 5 位的大集团）

前董事长辜振甫和台湾信托董事长辜濂松的财富情况。辜振甫属于慢郎中型，而辜濂松属于急惊风型。辜振甫的长子台湾人寿总经理辜启允非常了解他们，他说："钱放进我父亲的口袋就出不来了，但是放在辜濂松的口袋就会不见了。"因为，辜振甫赚的钱都存到银行，而辜濂松赚到的钱都拿出来做更有效的投资。结果是：虽然两个年龄相差17岁，但是侄子辜濂松的资产却遥遥领先于其叔叔辜振甫。因此，人的一生能拥有多少财富，不是取决于你赚了多少钱，而决定于你是否投资、如何投资。

当然，投资有风险，投资未必能致富，但是如果你不投资，则致富的机会为零。投资理财致富最重要的观念、最有价值的地方是告诉你："投资理财可以致富。"有了这种认识至少可以让你有信心、有决心、充满希望。不管你现在拥有多少财富，也不管你一年能省下多少钱、投资理财的能力如何，只要你愿意，你都能利用投资理财来致富。

找到"钱生钱"背后的规律

有人说："我有一种人人都会有的感觉，即自己站在一个钱柜子前面，除一个密码数字外，我拥有打开这个钱柜的其他所有的密码数字。仅仅只差一个数字，如果我有，我就能打开这个钱柜的门，也就是说，我就能拥有钱柜里所有的财富。"

这个密码数字是什么呢？法国著名作家小仲马在他的剧本中说过这样一句话："商业，这是十分简单的事。它就是借用别人的资金！"

任何一个能够设计出让三轮转起来的方案的经营者，都可以获得资金，至于这个资金是股东的投资，是借债，还是向供销环节"挤"来的钱都无所谓。只要大家都有利，这个赚钱的游戏就可以玩下去。

站在股东的角度上，如果坚信商业计划是可行的，且投资收益高于借入资金成本时，就应更多地使用债权人的钱，甚至从供销环节中"挤"供应商和销售商的钱，为自己尽可能多地赚取利润。

“如果你能给我指出一位百万富翁，我就可以给你指出一位大贷款者。”威廉·立格逊在他的《我如何利用我的业余时间，把一千美元变成三百万美元》一书中这么说。

一切都是可以靠借的，借资金，借技术，借人才。这些为自己所用的东西都可以借来。这个世界是已经准备好了一切你所需要的资源，你所要做的仅仅是把它们搜集起来，并用智慧把它们有机地组合起来。

这就是成功商人的思维方式，他们认为，生意人应该尽量贷款，借助银行的资金为自己办事，如果你不能借用别人的资金，做生意是极为困难的。

商业是不断增值的过程，要让钱不停地多起来，就应该让整个世界的钱为自己所用。成功商人的经营原则是：没有的时候就借，等有钱了再还。当然，借入资金成本不能高过投资收益，否则，会亏损。不敢借钱是永远不会发财的。攒钱只会让人变得越来越贫穷，因为连他的思维也贫穷了；赚钱会让人富有起来，因为这是一个富人的思维。

有用的钱才是钱，用掉的钱才是钱。

有钱的人若是不用钱，便无法发挥钱的功能，也不能体会钱的存在。同时，钱也失去了交换流通的价值。那是死钱，只能等着贬值、被继承、遗失或被窃取。

毋庸讳言，是钱带来了钱，或者说，只要管理妥善，抓住商机，完全可以让钱招来更多的钱。但是，这里的钱未必非得是自己的钱不可。假如自己资金不足，大可以利用别人的钱。

借钱，就是“使用别人口袋里的钱”。向银行借就是“使用银行口袋里的钱”。

哪一个上市公司用的是“自己口袋里的钱”？上市，就是在市场上吸收大众资金，“使用别人口袋里的钱来成就自己的梦想”。想要预期利多，吸引大众，就要缜密规划，拟定策略，描绘一个充满希望的前景，提出一个让人心服口服的业绩，领导一支耀眼出众的团队，整理一套百密无疏的报表。行了，如果你也能对人们提出以上条件，你当然也可以“用别人口袋里的钱来成就我自己的梦想”。

发财致富，善借者兴

借助他人的力量不仅能给生意带来勃勃生机，还能给创业者带来灵感。广州一家工具制造公司的副经理刘先生就是巧借他人的力量，兴办起企业的。

创办企业伊始，刘先生虽然有很高的积极性，但不知如何下手。于是，他便想找一些明白人指点迷津。然而，究竟该找谁呢？他经过一番苦想，决定在春节时期召开一个茶话会，将从外地探亲的游子们找来，让他们为家乡的发展支招。

这一招果真灵验，远方的游子们都急切盼望着为家乡的富裕做努力。在茶话会上，游子们有的出主意，有的办实事，通报信息的人越来越多了。刘先生根据大家的建议做出了一些决策，相继开办了五金、针织、纸箱、棉布等乡办企业，专门生产一些补缺产品。他的企业刚开办，就取得了不错的收益。

刘先生不断调整经营策略，企业也在不断地发展壮大。

无独有偶，日本商人高木悟郎，专门承揽印刷业务，他虽然没有完整的设备，但是凭借自己与印刷厂及客户的关系，生意做得一直很好。他四处寻找客户，将生意送往印刷厂，从中赚得两成佣金，这佣金并不是赚顾客的，而是在“零售价”与“批发价”之间赚取的差额利润。

委托掮客联系印刷业务，费用要比市价便宜得多，这便是高木悟郎赢取顾客芳心的原因。他自己赚了一笔钱，顾客也占到了便宜。另外，由于掮客的不断照顾，他们还可以少聘用业务员，并且生意很稳当，这不失为一件趣事。

在商界，一个不会借力的人做生意是难以成功的，而那些有着强硬的“关系网”，善于借助他人力量的人，成功的系数往往会很大。被称为“世界景泰蓝大王”的香港商人陈玉书，就是靠着一张良好的关系网致富的，凭借此网他身经百战，每逢遇到困难总能顺利渡过难关。

当年，陈玉书最初来到香港的时候，凭借自己顽强奋斗的精神站住了脚，但是他的宏伟理想却不能实现。然而，一次奇遇却改变了他的命运，使他走上快速发展的道路。

有一次，闲暇无事的陈玉书带着儿子到维多利亚公园游玩，没料到在闲谈之中，与印尼驻港领事的妻子相识，而这位领事夫人却与陈家颇有渊源。从此，陈玉书便和领事一家搭好了关系，结下了一张坚固的关系网。这张网的效力非常宏大，它能办别人办不到的事情，陈玉书得到了这种好处。

当时，要想得到一张印尼的商务签证实属不易，陈玉书就凭借这张关系网，为那些办签证的人服务。第一次办签证成功，陈玉书就得到了5万港元做报酬，这令他十分喜悦。于是，他便建立了一家签证公司，开始对外做起签证生意来。

通过签证，他与各种各样的人打交道，其中有许多商人，他交了许多朋友，通过他们的帮助，掌握到一些商业行情。他还利用好机会，向大陆贸易进军，开辟了一番新天地，获得了一笔财富。

在今天这个信息时代，由于社会分工更加精细、更加专业，这就决定了仅凭个人的知识技能远远不够。因此，要想发家致富，成就一番事业，就必须借助外力。在“借”中游刃有余的人，才能成为成功的致富者。

巧借他人资金谋发展

高智商是许多人致富的基础。很多人能致富靠的就是华夏民族的文化底蕴，晓“诗书礼易”，识“兵家权谋”，灵活应用智慧的大脑。有了好点子，有了好想法，但其他因素不具备时，就要善“借”，只有做到对善“借”游刃有余，方能从困境中崛起。

沈家兄弟是1955年来到巴西圣保罗市寻找致富之路的。有一次，大哥到南里奥格兰德州首府阿雷格里港旅行，在一间餐馆吃饭时，发觉一种意大利肉鸡美味可口。他饱餐了一顿，同时还打听到，这种意大利肉鸡是一种有名的肉食，当地人十分喜爱。

真可谓“踏破铁鞋无觅处，得来全不费工夫”。大哥顾不上旅行，火速赶回圣保罗与弟弟商量怎样养意大利肉鸡一事。

一番商议后，兄弟俩认为从事此项经营很有前途，但可惜自己没有资金，怎么办得起养鸡场？连续几天奔走求人借钱都无门。在苦思之中，弟弟突然想起了中国兵书《兵经百篇》，于是有了借鸡下蛋的妙计。

兄弟俩根据“借鸡下蛋”的方法，策划组织了一个互助会，其实质是一种合作社形式，在其相识的朋友、邻里、工友中招募人员参加。他们就办这种养鸡场的前途、利润等向参加互助会的成员进行了详细的论证和说明，并说服他们投资，许诺他们一旦投入资金，投入的本金及利息不但可以按时归还，并将会获得较好的分红，因为互助会所筹集的资金是用来创办有发展前途的意大利肉鸡场的。经他们俩辛苦的宣传和东奔西跑的登门游说，虽说没有多少人参加，但总算筹到1万美元。

他们就凭这1万美元在阿雷格里港郊区办起了一个养鸡场，取名为“阿维巴农场”。

现在，兄弟俩的公司每周可供应180万只鸡，仅此一项业务，每年营业额就达1.65亿美元。随着养鸡业的发展，沈家兄弟的财富不断增多，他们乘势拓展业务，先后又办起了4家贸易公司，这方面的年营业额也高达2亿美元。

要借，就要借得巧，借得妙。沈家兄弟俩以互助会的方式，以按期归还投资者本息，并能得到分红的优惠条件，从而巧借他人资金，图谋发展。运用这种方法去借资金，首先要瞄准投资项目，把风险降到最低限度，否则就会鸡飞蛋打；其次要让别人得到好处，得不到好处的事，说破嘴也不一定有好效果——只想到自己赚钱，一毛不拔，谁愿意把资金投给你？

巧妙融资扩大发展

将许多创业者逼向深渊的就是“钱”！资金是一家企业的血液，有钱不能使企业天然成功，但是没有钱只有死路一条。许多小企业、小商铺因资金不足，一直处于为生存而挣扎的状态当中——小资金启动，低成本运营，举步维艰。

一家位于广州市内商业闹市区、开业近两年的理发店，吸引了附近一大批稳定的客户，每天店内生意不断，理发师傅难得休息，加上店老板经营有方，每月收入颇丰，利润可观。但由于经营场所限制，始终无法扩大经营，该店老板很想加开一家分店，可这个店开张不久，投入的资金较多，手头上的资金不够另开一间分店。

店老板苦思冥想如何筹措到开分店的启动资金，他突然想到，平时不是有不少熟客都要求理发店打折、优惠吗？自己都是很爽快地打了 9 折优惠。于是他灵机一动，推出 10 次卡和 20 次卡：一次性预收客户 10 次理发的钱，对购买 10 次卡的客户给予 8 折优惠；一次性预收客户 20 次的钱，给予 7 折优惠。对于客户来讲，如果不购理发卡，一次剪发要 40 元，如果购买 10 次卡即一次性支付 320 元，平均每次只要 32 元，10 次剪发可以省下 80 元；如果购买 20 次卡，平均每次理发只要 28 元，20 次剪发可以省下 240 元。

通过这种优惠让利活动，吸引了许多新老客户购买理发卡，结果大获成功，两个月内该店共收到理发预付款达 7 万元，解决了开办分店的资金缺口，同时也稳定了一批固定的客源。

就是用这种办法，店老板先后开办了5家理发分店和2家美容分店。

你觉得小小理发店的融资不足挂齿吗？其实中国移动通信公司与理发店融资的核心方式是相似的。

2003年，中国移动通信公司广州分公司实行了一项话费优惠活动，具体是：若该公司的手机用户在2002年12月底前向该公司预存2003年全年话费4800元，可以获赠价值2000元的缴费卡；若预存3600元，可以获赠1200元的缴费卡；若预存1200元，可以获赠300元的缴费卡。

通过这种诱人的话费优惠活动，可以令该公司的手机用户得到实实在在的利益，当然更重要的是，还可以为该公司筹集到巨额的资金。据保守估计，假设有1万个客户参与这项优惠活动，该公司至少可以筹资2000万元；假设有10万个客户参与，则可以筹资2亿元。公司可以利用这笔资金去拓展新的业务，扩大经营规模。另外，该通信公司通过话费让利，吸引了一批新的手机用户，稳定了老客户，在与经营对手的竞争中赢得了先机。

学会寻求“输血”，是每个经营者的必修课。无论是创业初始手握项目却苦无资金的时候，还是遭遇突发事件现金断流的时候，或是需要大笔投入跨越成长台阶的时候，能够通过“融他人之资”来滋养自己的企业，已经成为现代经营者必备的素质。

凭借信用“谋借”资金

充分利用商业信用，对创业者的“谋借”而言是非常重要的。商业信用的主要形式有如下两种：

1. 向商品购买者预收货款

对于单件价值高或者批量大的产品，生产公司可以向商品购买者预收一定数量的购货款，这也是公司筹集资金的一条渠道。从消费者方面看，随着经济的不断发展，人们生活水平不断提高，手中的积蓄也多起来，这部分资金暂时处于闲置状态，是一种潜在的购买力。一旦有自己喜爱的产品出现，就会有人去购买，他们需要物美价廉的商品来提高生活水平。在这种形势下，对一些供不应求的商品，如果生产公司能保证在一定时间内，保质保量地向消费者提供，并在价格上给予相当于存款利息的优惠，则消费者就会乐于将存款取出来，作为购买商品的预付款项，预付给公司，从而使社会闲置资金投入生产。从生产公司来看，公司为了取得紧缺原材料以及设备的供应，有时也乐于向供货公司预付一定的购货款项。预收货款对于周转资金不足，或要进行扩大再生产而没有足够资金的公司来说，解决了资金紧缺的矛盾，还利于公司的生产发展。

2. 采用赊购方式购进商品

公司在资金不足而又急需劳动对象和劳动工具时，可以采取赊购的方式，获得需要的商品。公司在赊购商品时，先从卖者手中获得商品，并不向卖者支付现款，而是在一定的期限内付清货款，即货款的延期支付。在这个过程中，由于从赊购商品到支付货款，有一段或长或短的时间间隔，所以对赊购商品的公司来讲，实际等于获得了一笔贷款，只是这笔贷款不是从银行获得，而是从出卖商品的公司那里获得的。

赊销商品是商业信用的一种形式，又可称为未清账信用。这种信用通常是在卖方对买方的信用可靠程度做了充分调查了解之后才提供的。卖者在提供信用后的唯一证据，只是购买者的购货订单，一份表示货已交运的发票和一笔登记应收款分户账的记录。在赊购商品时，卖方为了安全，可以要求买方自己开具票据，买方承诺，这种票据就是商业票据。商业票据可以转让与抵押，也可以贴现，这样卖方就不必担心因提供信用而发生资金短缺。

公司可以利用赊购方式获得急需的商品，从而在一定时期解决资金不足的问题。同时公司在赊购商品时，必须考虑赊购成本高低。因为赊购商品的金额是按照商品的销售价格来支付的。表面上看，是债务人“无偿”占用了债权人的资金，实际上，提供信用的公司已经把这笔款项的利息加到价格中去了，利息已随价格转嫁给购买者了。有些公司在赊销商品时，规定了现金折扣的办法，即购货方若在货款到期前提前付款，可以按发票金额享受一定优惠或折扣。购买者若能提前归还货款，就可以减少一笔支出，若不能提前归还，则只能放弃优惠价格，而多支付款项。但是公司有时为了筹资，常常延长对货款的占用，利用这笔款项进行生产周转，以带来更大的利润。是放弃优惠价格，利用这笔赊购款，还是提前归还货款，获得优惠价格，要具体问题具体分析，看怎样做更有利于公司的利益，有利于公司降低成本，同时又能筹集到足够的生产资金。

当然，要想凭借信用“谋借”资金，首要的前提是你要拥有信用。

找到借贷的窍门，就永远不再为资金发愁

资金瓶颈是生意人经常遇到的一个难题。做本小利微的小生意也好，做动辄亿万的大生意也罢，生意人总为资金不足而发愁。解决资金难题最直接的方式就是向银行借贷。在这里，首先要改变只想凭一己之力不愿负债的经营观念，其次是要掌握必要的借贷知识和技巧。

总是有许多生意人，前怕狼后怕虎，不敢借贷，不愿举债，从而耽误了许多发家致富、赚钱发财的时机。美国著名的小商品经营大王格林尼说过这样一句话：“真正的商人敢于拿妻子的结婚项链去抵押。”这不正是提醒人们要在经商过程中勇于借贷吗？

只想小心谨慎地做自己的生意而不敢找关系借贷，往往在商场上成不了什么气候。而大胆地前进一步，勇敢地向银行贷款、举债，则往往会走向成功。其实，在某些时候，机会使得你强迫自己贷款，这样能够帮助自己达到获取

利润的目的。

事实上，在商场，如果不是为了消费，为什么不可以贷一万元或许更多一点钱呢？把贷来的钱用于投资你看准了的项目，一年或两年之后，当你还清本息，你的银行账户上还可以留有一大笔钱。因为贷款的利息是一笔惊人的财富，它是促使你加紧干的最有力的动力。如果你不使资金周转起来并创造利息，你可能连贷款的利息都还不上。

爱默生说过："我最需要的就是让别人来强迫我做那些我自己能做，并且该做的事情。换句话说，就是需要一种压力。"贷一笔款，给了你一种自然而然的压力。因为这种压力，使你不得不抛弃首先消费的打算，同时，也改掉你懒散的坏习气，使你手里的资金很快周转起来，自觉和不自觉地投入到生意的繁忙之中。

成功的生意者们常常这样说："借债就是一把双刃剑，你若小心使用，会让你致富；你若不小心，会适得其反。"借债有其不利的一面，但要看是借什么债。若是消费性借贷，那确实应极力避免。但"投资性借贷"又是另一种情况。实际上，少有白手起家的富翁不借债的。富人之所以能够成功，是因为他们深谙借钱、贷款的力量。

据有关资料刊载，美国可口可乐公司的前任董事长伍德拉是位极保守的金融家。他一生最厌恶负债，经济萧条前夕，他刚好偿清公司的全部贷款。一次，公司里一位财务负责人要以9.75%的利息去借一亿美元的资金来兴建新建筑时，他马上回答说："撤了他，可口可乐永远不借钱！"他的谨慎战略使可口可乐公司在经济大萧条中免遭灭顶之灾，但也因此产生副作用：这个公司长期得不到发展，不能进入美国大公司之群。

戈苏塔担任了公司董事长的职务之后，一改前任的制度，看准方向，大举借款。他接手时，可口可乐公司资本中不到2%是长期债务，从那以后，戈苏塔把长期债务猛增到资本的18%，这种举动使同行们大为震惊。戈苏塔用这些资金来改造可口可乐公司的瓶装设备，并大胆投资于哥伦比亚影片公司。他说："要是看准了兼并对象，我并不怕增加公司的债务负担。”这种不怕负债的勇气将可口可乐公司从困境中解脱出来,公司的利润一下子增长20%,股票也开始上升。

戈苏塔不是滥借贷款加重企业负担，而是将债款用到生产的首要环节。这样,暂时的负债会赢得长久的赢利,最终债务也会彻底清偿。如果担惊受怕,不敢冒借债的风险，那么企业就会永远失去发展的机会，最终会在企业竞争中淘汰。对一个企业来说如此，对做生意的人来说又何尝不是如此?

事实证明，明智的赚钱者了解并能充分利用借贷。世界上许多巨大的财富都是建立在借贷基础之上的。靠借贷发家是白手起家的聪明之举。

下面这位个体户的发迹史，也许会使人更能体会这个观点。

改革开放初始的那些年，聪明伶俐的马清明做了两个小生意，攒了点积蓄，可是把原来的三间平房翻造成楼房后，积蓄就用完了。这时他已不再满足于街头的小打小闹了，他想自办一家公司或开一家工厂。他把自己的想法告诉了许多朋友。一天，有位朋友特地来告诉他一个信息，本地的兴旺商业信托公司属下有一家游乐厅，内有大型游戏机、碰碰车、酒吧等资产，价值400万元，现因管理不善，营利甚微，而信托公司想转向投资开办有高额利润的保险公司，因此准备把这家游乐厅卖掉。马清明得到消息后感觉到这是一个难得的机会，就赶紧前去洽谈，并以400万元的价格成交。合同订下后允许一年内分三期付清款项，第一次先要付200万。“天哪！这么多钱到哪儿去借?”马清明的妻子听了大叫起来，因为她清楚，自家的全部财产，包括房子算在内也不过十几万而已，这200万简直是个天文数字。可马清明却沉着地说：“有办法！”

马清明找了一家关系较好的银行，他用买下的游乐厅为抵押品，贷款200万资金。对这家银行来讲，有价值400万的财产作抵押，又能得到200万业务的贷款利息，也是一桩好的生意，所以很顺利地就把款贷给了马清明。

马清明贷款买下游乐厅后，由于经营得法，夫妻两个兢兢业业，吃苦耐劳，精打细算，游乐厅办得很旺兴。两年后，他付清了全部欠款。再过了两年他成了百万富翁。

可见，贷款并不可怕，可怕的是经营不得法，可怕的是经营者没有举债的胆量。

客观地讲，大多数创业者拿出个千儿八百块钱的也许并不费劲，但拿几万几十万去搞一点事业，就不那么容易了。一个创业者如果真是一文没有，要想起家也不大可能。做任何生意、办任何实业都必须有最基本的本钱，因此，对于现在的大多数仍处于白手创业的朋友来说，需办的头一件事就是通过各种途径去筹集创业时所需的起码的资金。

在现代市场经济中，敢于借贷、善于用贷、巧于用贷、会用别人的钱发财的创业者才是高明的经营者。不要沉湎于“既无内债，又无外债”的小本经营的心理状态中。

向银行借贷是最直接的方式，但是银行的钱也不是随便往外贷的。

为了在银行取得贷款，可以做也应当做很多事情。有些人是由于心血来潮才去银行，目的不外乎去碰碰运气，试试是否能从银行贷到款，这种方法显然是不可取的。在去银行之前，你首先应认真考虑你对贷款金额和条款的要求，然后你才可以为日后的成功做些脚踏实地的工作，争取到银行的贷款。

1. 要同银行建立良好的业务关系

对公司来说，最美好的情况就是：已经同某一银行建立了良好的业务关系。银行常常会特别优待自己的老客户，因此，一定要搞好并维持同银行的关系，扩大银行协助自己业务活动方面的作用，并结交在那家银行工作的人员，就商业问题向他们求教。银行除了能提供资金上的援助外，还可以给你出些主意。他们有良好的信息服务平台，很容易得到全面的统计资料，而这些资料可以引导公司的发展方向。银行都愿意向老客户提供信息，因为这是尤为受欢迎的服务项目。

2. 与熟悉贷款业务的朋友一起去银行

在向银行申请贷款时，假如能有熟悉贷款业务的朋友陪你一起去，就一定不要放弃这个机遇。银行中的员工很喜欢用专业术语与人谈话，或者使用一般门外汉不精通的行话，这时，通晓银行术语的朋友就显得尤为重要了。你无须因为听不懂而局促不安，你的朋友会代你回答一些较困难的问题，并向你解释其中的含义。

3. 要提前办理申请手续

小本经营者极少能很快得到商业贷款，这是因为银行通常要做信用调查，并且认真研究整个贷款计划。假如无法接受较长时间的审核程序，那么获得贷款的机会就会付诸东流。因此，必须未雨绸缪，提前做好计划才行。

4. 进行自我宣传

在向银行提出贷款计划之前，首先应该声明情况。银行一旦认为你和你的公司值得信赖，那么具体的谈判也就简单了。要竭尽全力说服贷款银行相信你所经营的公司是在良好地运作，是具有发展潜力的。还可以把样品、照片、顾客对产品需要的文字介绍、权威人士的推荐信以及有助于获得贷款的任何资料带到银行去。

5. 申请贷款的数额要超过自己的实际需要

银行都是比较保守的，特别是涉及资金有限的客户，不管申请多少数目的贷款，他们决定发放时，打点折扣都是很有可能的。如果预算表明，为了业务发展顺利，你需要某一数量的贷款，那么在申请时至少要比这一数目多填写 30%的金额，才不至于失去预算。

6. 不要低声下气

由于某些原因，一些经验不足的申请人通常把银行当做施主或恩人，因此把申请多少和寻找施舍同等看待。要知道，银行借钱给你时并不是想要帮你忙，而是要同你做生意。你是贷款客户，借了钱是要付利息的。如果说帮忙的话，由于你的贷款增加了银行的业务，实际上就等于你帮了这家银行。因此，你在同银行员工打交道时，应当把他当做是需要你帮忙的生意人，而不是让自己显得是乞求他施恩的商业生手。

7. 不要隐瞒重要的事实

银行能通过各种信息渠道了解到希望获得的内容。比如银行问你申请贷款是不是曾经遭到过拒绝，如果确实遭到过拒绝，万不可以为否认事实就可以保住面子了。只要你申请了贷款，不管你是否被接纳，申请书都会被保留下来，如果需要的话，检索是不会太困难的。

你可以表现得诚实坦率，向银行提供他们从别处也都可以了解到的信息，这样，你就在他们心目中建立了诚实可靠的形象。

8. 要有一个周密精细的发展计划

你要制定一份十分精细的业务发展规划，随时准备提交给银行审查，但大多数小本经营者却不能做到这一点。随同贷款申请一起提交的业务计划应包括公司特点、业务范围、固定资产及存货一览表、个人简历、公司运营情况、预计的资产负债表及经营报告（包括预计的现金流动及工资支出情况）、销售计划等。

准备以上内容应当在称职的会计的帮助下进行，因为会计在公司运作方面掌握着不少可供研究的统计资料，并能提出比较现实的分析。为银行提供一份有职业水平的计划，也就意味着为银行考虑贷款申请打下了可靠的基础。你最终留给银行的印象是：有责任感并值得信任，给你贷款不必承担太大风险。这样，你得到贷款的机会就大大加强了。

生意人要把银行作为自己所有人际资源中的重中之重，生意做得越大，对银行的依赖也就越大。掌握了利用银行这个资源的借力术，就可以在商海呼风唤雨、所向无敌了。

有借有还，再借不难

如果借了人家的东西不及时还，人家就会认为你不诚实，一点儿都不可靠。如果你答应了人家而不按时归还，拖了很长时间才还给人家，人们就会失去对你的信任。还有一点非常重要就是确保借来东西的完好无损，不能由于磨损或用坏而不给人家一个妥善的答复。如把借来的东西磨损或用坏，通常就应购一件尽可能一样的物品还给人家。如果不能买到，那只能照价赔偿，也许对方不会接受这样的赔偿，但那是对方的事，作为借方你必须表示出你的诚意。

1. 还钱要及时

私人间相互借钱时，一般不需要立字据，但借方一定要有书面记录，而且要想方设法及时偿还。如果借钱人由于某种原因，难以及时偿还，就应在一些适当场合中主动向对方说明，并表示非常抱歉。最忌久拖或漫不经心，这样会引起人们的反感，想再借也就非常难了。

2. 还钱要新整

即使当初借的钱表面有破损，面值也比较零碎，在还钱时也必须要尽量使钱色新而平展，不要凑些零碎的钱。为了表示谢意和尊重，借的钱最好要一次还清。如果无力一次还清，则应郑重说明还差多少，使双方都清楚明白。

3. 还钱不要转手

没有特殊情况，应谁借谁还，最好不要请他人“转手”，否则既表示你没有礼貌，也容易造成麻烦，也许会因交代不清而弄错。更不可以像这样说：“他借了我 10 元，我借了你 10 元，请你到他那里去要。”这没有道理。

4. 还钱不要遗留

由于某种原因，工作调动，转业或迁移他地，对所欠债务必须还清，免得日后生麻烦，给人留下口舌。

信用绝对靠累积，大事、小事都会被收录在信用的积分表上。所以小到约会准时，大到如期还款，都要十分在意。

如果是借款的期限到了，千万别动延期的脑筋，就算付给其他对象双倍的利息借钱，也要如期依约归还给原来的债权人。即便事后可以不经意地让对方知道，你为了实践承诺而付出双倍利息的代价。

借钱的最高指导原则就是：有借有还，再借不难。而且往来越频繁，就越能建立信用，这样才能借到更多的钱。

与金融界相处的技巧

资金是企业维持和扩大再生产不可缺少的条件。既然一个企业的壮大规模所依赖的资金程度很高，我们就必须着手去解决资金的来源问题。这就不可避免地要与金融界打交道，想办法取得金融界的有力支持，获取企业发展所需资金。这样，企业的生产经营活动才能正常运转，企业的生产规模才能更快地壮大起来。如果企业与金融界的关系搞不好，对企业发展所带来的负面影响是不可估量的。因此，与金融界打交道时，需要注意一些问题：

1. 恪守信誉

恪守信誉是一条放之四海皆准的守则。企业在与金融界打交道中，对这一问题千万含糊不得，稍微含糊，会使你在此之前付出的所有努力都付诸东流。因此，你在向银行贷款时，一定要对自己的按期偿还能力以及也许会出现的变化因素做充分的估计，以便使自己能够恪守信誉。如果对于金融界来说，你因种种原因多次失信，那么金融界将会失去与你业务往来的基本信心与兴趣。相反，如果你能够坚持做到恪守信誉，事情就不会出现令人消极的一面，你与金融界的关系将会变得更融洽。因为金融界不会不清楚，自己只有把钱贷出去才能获取利润。但是金融界只想把钱贷放到安全可靠的地方。如果它面对的是一个恪守信誉的企业，那么该企业是很容易获得其急需的资金，而且能够享受到种种优惠的。由此可以看出，与金融界打交道时，恪守信誉很重要！

2. 让金融单位有安全感

我们不能忽视这样一个问题：金融界也是经济实体，它是讲究实惠的。当你向银行提出有关贷款申请时，一定把这笔钱用到哪里，将来会产生怎么样的经济效益讲明白。在这样做时，要特别注意方法，要能让金融界切实认识到对你的投入定能得到很好的回报，并由此认为你的偿还能力是绝对没有什么问题的。

3. 与金融界保持联系

当你得到了金融界的贷款之后，应该经常、及时地向金融界有关方面通报信息，定期向他们汇报产业项目的进展情况、资金怎样周转的情况。当他们来到企业检查有关情况时，千万要热情周到地接待，主动呈报、公布所有有关资料，积极配合他们完成检查。只有这样做，才能长期而且有效地与金融界保持联系，而金融界也会更有兴趣与信心和你合作。但有一些企业却不这样做，当他得到了贷款后，马上由笑脸转变成冷漠的脸，认为现在是金融界求他了。这样做无非是断了自己的后路。

企业一定要和金融界搞好关系，因为他们手中有你扩大生产、维持发展的资金。与他们搞好关系就是给自己企业的发展种上了一棵摇钱树。

第七章　抓住稍纵即逝的商机

有人的地方就有生意

所谓商机，就是能够赚钱的机会，表现为供需双方在时间、地点、成本、数量、对象上的不平衡状态。市场需求的多元性、资源禀赋的差异性以及技术经济发展的不平衡性，是商机客观存在的根本原因。

“机会是上帝的别名”，可见商机对于赚钱的重要性。虽说辛勤者胜，但辛勤者中间亦有成败之分，成功的辛勤者之间，亦有高低之分。还有一些表面上并不辛勤的人，也能成功，造成这些差异和变化的，正是机会。

发现并把握住商机可以说是致富的一条捷径，有时候，一个机会就足以让人摇身一变，成为有钱人。

在现实生活中，人们常感叹市场疲软、买卖难做等。其实，只有疲软的经营者，没有疲软的市场。特别是在计划经济向市场经济转变的过程中，在贫困与财富的巨大差异之间，各种大大小小的项目、众多的商品和无序的市场竞争中，供需各异，新市场总会不断出现。人们的需求变化，给企业和商家提供了巨大的潜在市场，谁能适应这一要求，抓住生活“缝”中的空白点，就能捕获到新商机。

温州地处东海之滨，三面环山，东临大海，自古温州人便以外出经商为荣，而且他们外出，绝无漂泊的感觉。他们背井离乡走南闯北，绝不是迫于生计或为挣钱娶妻生子，而是创业。相反，若是哪个小伙子长年厮守家庭，便会被视为窝囊没出息。

温州人四海为家。只要有利益，温州人就敢去其他地方人不敢去的地方，敢做其他地方人不敢做的事情。温州人是天生不安分的一群。在改革开放的大时代里，温州商人更是遍布中国以至世界，而且越来越由行商推销变为坐商，由游击方式转向坐镇赚钱，形成了“有人的地方就有生意，有生意的地方就有市场，而如果没有市场，温州人就能开拓出市场”。他们有着聪慧的眼光，再加上一股吃苦耐劳的精神，无论在哪里都能创业，都能很快在当地扎根、发芽直至开花、结果。

1983 年，温州乐清县农民卢氏兄弟俩，因在内蒙古包头经营服装亏了本，准备打道回府，路过北京时，原只想去天安门参观，以不枉此生。谁知他们在北京街头走了一遭，竟悟出了打开北京这座“阿里巴巴山洞”的秘语，得出结论说：“北京的生意好做。”于是兄弟俩放下行装，在广安门南行五公里处做起了生意，并很快招来了包头的和远在温州老家的亲朋好友，形成了一个温州生意人的集中地。这个集中地而今已成为拥有 10 万人口的浙江村。

1991 年 10 月，温州另外两位农民出身的陈氏兄弟则来到了上海这座“阿里巴巴山洞”，他们在浦东杨高路悟到了创富掘宝的“秘语”，因而得出结论：“上海是个广阔天地，温州人在这里是可以大有作为的。”通过租用库房和当地人看不上的闲置空地，两名温州人颇有预见地在浦东杨高路两旁抢先“挖开了金矿”，四年中净赚了 300 万元。

20 世纪 90 年代，中国股票市场如火如荼，上海股民之多，堪称中国之最，就连上街买菜的老太太都在谈论“道琼斯指数”。上海人喜欢的是“走红”，什么赚钱干什么。而温州人喜欢冒险，喜欢抢在行人前面跑，他们凭着敏锐的商业眼光和冒险精神，不仅能在杨高路飞扬的尘雾里发掘潜藏的金矿，还能在旧书旧报的废品堆里发现沉睡的金砂。

温州人之所以能够成功，不仅是因为他们有着敏锐的商业眼光，有积极分析市场、开拓市场的进取精神。试想一下，知道浦东将要开发的上海人何其之多，而敢在杨高路改造工程提到议事日程之前，就抢先投入大笔资金的人又有几何？

无论是卢氏兄弟还是陈氏兄弟，无论是在北京还是在上海，精明的温州人赚起钱来似乎都很轻松、很洒脱，随意在大街上、在马路边，溜溜达达，瞧瞧看看，就能发现一块含金量很高的矿石，进而挖掘下去，就会开发出一座金矿。他们善于在别人看不到生意的地方看到生意，在满目荒凉的地方找到发财的秘诀，在他们眼里，到处都是“阿里巴巴山洞”。

20 世纪 60 年代，曾有 300 多名温州人到新疆支边，结果是同时期来的其他地区的支边人员后来早已撤离新疆地区，而温州人却在这里扎下根来，过得有滋有味。当时留下来的温州人靠什么过活呢？靠卖牙膏牙刷和针头线脑之类的小商品，或者靠从事剃头补鞋为营生。在那个贫困的年代，为点儿小钱，温州人可以办别人不办的很多事。新疆阿勒泰地区有一名温州鞋匠，一副沉甸甸的担子挑在肩头，一头是补鞋用具，一头是镜子、牙膏等小百货。这名温州鞋匠挑着这副担子，踏着初融的积雪，一路追赶着骑在马背上不停迁徙的哈萨克部落。因为哈萨克牧民穿着用牛皮缝制的马靴，这种马靴经不起水浸，一旦沾上早春的雪水便容易磨穿，因而这名温州客将其视作挣钱的良机。在这名鞋匠眼中，阿勒泰草原上便有着“阿里巴巴山洞”，而游牧的哈萨克人的马靴上便沾满着够重的黄金，因而他不惜用两条腿追赶哈萨克部落的马群。

补鞋也能“掘到黄金”，这对当今的年轻人来说十有八九不信，而在以前却是实情。在太原解放大厦前，有位补鞋的温州人令人永生难忘，靠着 7 年艰苦的补鞋生涯，这名温州人赚了 40 多万，这个当时令人吃惊的数字使这名补鞋匠成为有着骄人创业佳绩的温州商人。在温州本土，依靠不起眼的匠人生活赚得原始资本，而后成为著名企业家的人不在少数：著名鞋王、“奥康”总裁王振滔，靠做木匠起家；“正泰”总裁南存辉，自小便是补鞋匠；“德力西”总裁胡成中，早年曾是裁缝；中良西服集团总裁季中良，早年曾在温州街头捡废品、卖水仙……

正由于相信新疆有“阿里巴巴山洞”，如今已有8万多温州商人活跃在南疆与北疆，仅乌鲁木齐一地就有4万多人。温州人在这里主要以经营皮鞋和棉纺织品为生，年交易额高达10多亿元。

正由于相信云南有“阿里巴巴山洞”，如今有总数4万以上的温州商人活跃在昆明、南岭等地。云南地处高原环境，地形复杂，交通不便，而在温州人看来，这恰是最需要商业、最适于创业的地方，具有最大的商业活动空间。因此大批温州人相继走进云南，在这里赚得了实惠，变得气壮腰粗之后，仍然继续“挖金”。

在温州人看来，纽约、巴黎、米兰等国际大都会都有着“阿里巴巴山洞”，因而大量的温州人到这里经商或打工，并有许多温州人在这里悄悄地发了起来。与此相比，另一些别具眼光的温州人却有着与他人不同的选择，他们弃欧美发达国家而不选，偏偏要到一些相对落后的国家和地区去淘金。1994年，温州青年黎峰到南非创业，在那里经营温州小商品，而后又经营起黑麦种子销售等业务，由于当地经济相对落后，生意轻轻松松便做得红红火火。温州人认为落后的地区发展空间大，而发展空间大的地方也就存在着更多的商机。

温州人不远万里进入了位于欧洲东南角的土耳其，将其作为温州各类小商品的出口重地，因而温州打火机、眼镜、刀具、旅游附属用品以及各种工艺品源源不断地进入土耳其市场，并以此为基地，利用土耳其横跨欧亚大陆的优势辐射欧盟、巴尔干半岛、中亚和中东地区，同时也将各种商品推进埃及等北非国家。

在巴西、南非、欧洲、美洲都出现了温州人经商的网点。温州人所到的地方，到处都有“阿里巴巴山洞”。别人浑然不觉的商机和秘诀，但凡有了温州人，一切便盎然而生，一切便人因景而灵，景因人而活。

艺术家说：世界不是缺乏美，而是缺少发现；同样，世界上绝不缺乏商机，缺乏的也是发现。

孩子的需求是永远的热点

两兄弟一起离开家乡到城市打拼。不久，兄弟二人各自积攒了一笔钱要开创自己的事业。哥哥在闹市区看中了一个地方，他借贷款、托关系，好不容易才租下一间店面开茶楼。而弟弟另辟蹊径，在一家小学的大门对面开了一家玩具专卖店。一年后，由于顾客较少、租金高昂，哥哥不得不关闭了茶楼。而与此同时，弟弟却因小顾客们太多而租下了隔壁的两家店面。

兄弟俩不同的际遇反映出一个事实，孩子们不仅是家里的“小皇帝”，也是市场消费群体中的“小皇帝”。孩子的需求是永远的热点。

在哈尔滨市有一家饭馆，名叫“有马食堂”。这家餐馆的外表并不华丽，其内部装修也很简单，它供应的菜式亦是比较大众化的。但是，当地的人们都注意到，那里的生意异常兴隆，每天的顾客络绎不绝，其中大多是家长和他们的孩子。

为什么如此普通的一家餐馆的生意会比同类的餐馆兴旺得多呢？

这引起了很多人的关注。原来“有马食堂”在经营上有高招，用馈赠的方式讨好小朋友以招徕顾客。具体做法是，每当有顾客带小孩前来用餐时，服务员就会热情地给小孩送上一条绘有动物图案的纸制围裙。

其实这条纸围裙并不贵重，成本大约是5毛钱。但它为什么能招徕顾客呢？因为这家餐馆安排了“画家”当场在围裙上画上各种生动有趣的小动物图案。用餐时围上这么一条精美的小围裙，小孩子自然吃得十分开心，父母也乐在其中。用餐完毕，小孩子还可以把围裙带回家去当做玩具。

小孩子虽然人小，内心需求却很丰富。因为围裙上有手绘的各种各样的图案，小孩总希望多获得几条，所以就常常要求父母带自己到“有马食堂”去用餐。众所周知，天下的父母都有一颗爱子女之心。当父母看到自己的孩子得到围裙时高兴的样子，自然便会寻找时机带孩子再次光顾。开始时，这些顾客与其说是自己用餐，还不如说是为了取悦孩子。但是，这样重复多次，他们渐渐地也对“有马食堂”产生了感情，并成为忠诚的顾客。最后，一传十，十传百，“有马食堂”的名声就传遍了哈尔滨市。这样餐厅的生意怎么会不兴隆发达呢？

如今，“有马食堂”的老板胡有为在哈尔滨市已经连续开了5家“有马食堂”了，总资产达数百万。他的成功证明了讨好孩子可以获得巨大的回报。

讨好孩子必须针对孩子的需要运用营销策略才能获得赢利的机会。虽然孩子手中没有多少零花钱，但父母为了让孩子高兴，往往会顺着孩子的意思，不会太计较投入。

有人认为孩子比较好糊弄，所以做孩子的生意简单得很。其实不然，因为孩子买东西，掏钱的是大人，所以想要让自己生产或经营的产品畅销，不仅要讨好孩子，更重要的是设法说服孩子的家长，做孩子的生意，其难度有时不亚于单独做成人的生意。但讨好孩子是很机智的，取得了孩子的欢心，就等于取得了孩子父母的欢心，而且孩子是比大人更长远的客户。有远见的生意人甚至考虑到了若干年后孩子们的孩子。因此，商人必须要摸清“小天使”们的喜好。

首先，可以从“玩”字上下工夫。10个孩子10个爱玩，若是给他们百分之百的自由，哪怕是最爱学习的孩子也会将课本扔到一边的。所以，那些既好玩又不用多动脑筋的东西，孩子们肯定喜欢。当然，在这一点上，还要考虑到男女有别：男孩注重动作，女孩则注重情感。

其次，可以在“吃”字上动脑筋。孩子一般都爱吃零食，而大人则不愿意让孩子吃零食。孩子一般买不起高价的零食，而大人却不愿意买廉价的零食给孩子吃。所以，生产或经营儿童食品，应档次分明，定价时要考虑到孩子购买和大人购买两种情况。

再次，要做到价廉物新。孩子的猎奇心理比较强，很容易喜新厌旧，玩具也好，衣服也好，小人书也好，不论贵贱，新鲜劲过了就扔在一边，所以，专门为孩子生产的产品，定价不宜太高（礼品除外），否则父母就不愿意购买，因为买较贵的东西给孩子无异于浪费钱财。

最后，产品应该对孩子只能有益而不能有害。不论生产或经营何种儿童产品，都应该有益于孩子的身心健康。孩子不懂得判断好坏，父母却有判断能力。商人要在“玩”和“吃”上吸引“小皇帝”，同时还能迎合其父母的需求，不尽的财源自然就会滚滚而来。

女人的钱总是最好赚的

女性在消费时更为感性，只要喜欢，就不会过多地考虑价格因素。所以，打动女人的心势必会带来滚滚的财源。

一个聪明的小伙子，借钱开了一家小商店，他出售的货品以化妆品、手提包、头饰和小工艺品等为主。开业之后，小店的生意一直很兴隆，附近所有的女士几乎都曾经光顾过他的商店，有很多还成了他的常客。昔日借钱开店的小伙子变成了腰包鼓鼓的小老板。

之后，他用积累的资本扩大了店面：一层专门经营金银首饰，二层经营女性时装、皮鞋，三层是化妆品专柜，另外两层经营各种各样的商品，如毛线、装饰品、家用电器等。出人意料的是，不仅女性商品出奇的畅销，其他的商品也备受欢迎。有人向春风得意的小伙子探询经营秘诀，他笑着回答说：“难道你没有注意到来这里的大多是女人吗？她们的钱是最好赚的！”

真是一语道破商机！犹太商人在4000多年的行商经验中早就总结出了这一宝贵经验。

“男人工作赚钱，女人花销使用”，似乎是天经地义的事。女人才是真正掌握购买权力的人。俗语说“女为悦己者容，男为已悦者穷”，只要女人的心动了，男人捏着钱袋的手就松了，商人的利润自然就来了，因此，商人要懂得牵住女人的心。

青木郎雄是个头脑灵活的日本青年，他善于变通，不墨守成规。他曾在某公司当职员，后来自立门户，创办了“日伊百货公司”。公司开张后，经过数天的仔细观察后，他发现了两个规律：一是每天前来购物的顾客中80%是女人，男人多半是陪着女人来的；二是白天来的大部分是家庭主妇，下午5点半以后来光顾的多是刚下班的职业女性。由此，青木郎雄认识到，家庭主妇和职业女性的购物倾向有很大不同。按原来一视同仁的经营方法，很难达到最佳效果，必须根据顾客的需求而变化。那么，应该怎么变呢？经过几天的冥思苦想，他终于想出了一个两全其美的办法。

首先，他按照时间差异来陈列商品。白天他就摆上妇女用的衣料、手工艺品、厨房用品等。一过下午5点半，为了迎合年轻人，他就把其他商品统统收起来，摆上能够激发年轻人购买欲望的“欲望商品”，包括花色多样、款式新颖的内衣和迷你裙，让店里充满了青春气息。凡是年轻小姐需要的店里应有尽有，光是袜子就有数十种花色。

接着，青木郎雄又积极地开展市场调查。顾客们对调查员如是说：“买高级衣料我们就去别的百货店，但买袜子我们就去日伊。”顾客们的反应令青木郎雄更加自信。针对顾客的需求，他竭力地推销袜子，大量地进货，从而尽可能地降低售价。别的商店一双卖250日元的袜子，在他的店里只卖200日元。他店里的袜子种类尽可能地多，这样一来，顾客的选择余地就更大了，即使最挑剔的顾客也能在日伊买到中意的袜子。这些方法果然奏效，两个月之后袜子的销售额就比从前增加了4倍。

袜子的推销政策成功之后，他又开始卖高级的外国产品，这就又提高了店铺的品位。

当然，青木郎雄的主要着眼点还是在价位适中的商品上。不过，除了袜子之外，还有什么可以大力扩销的呢？于是，他继续观察5点以后的顾客，发现这时候的顾客人数众多，而此时一小时的销售额相当于白天一小时销售额的2倍，其中服装是最为畅销的。于是他就倾尽全力地销售年轻女性的流行服装。另外，为了吸引顾客，他还在商场里的照明设备和橱窗的设计上下了一番工夫。

自此，日伊凭借着比别家便宜的流行商品吸引了成千上万的新顾客，每天客流如潮。半年后，青木郎雄又设立了6家分店，3年后他的108家分店遍布日本全国。他由小做大的想法得以实现。青木郎雄也成了日本名副其实的零售业大王。

男人虽在社会上占据主导地位，但女人却是购物的主力军；女人的经济实力虽然相对较弱，但女人天生就爱逛商场，经常在购物时将大堆的商品买回家。

因此说女人的钱好赚，是不无道理的。精明的商人会把心思放在女人身上，想方设法牵住她们的心。商人需要关注每一个细节，了解女人以及女人的需求和消费习惯，并针对女性的心理特点，来运用营销策略。

首先，商品一定要价廉物美。毕竟女人是比较讲究实惠的，而不会像男人那样为了讲排场、争面子而胡乱花钱。只有钱来得特别容易的女人，才会不考虑价钱。

其次，经常打折。当男人看到降价处理的东西时，第一反应可能是：是不是因为质量有问题，所以才卖不出去？女人的想法可就不一样了，哪怕是有钱的女人也爱贪便宜，当她们听说降价时，一般就会想：以前10块钱才买得到的东西，现在5块钱就能买到了，真值！在这种心理的支配下，女人常常会买下很多自己根本就不需要的东西，觉得自己买的降价产品越多，得到的实惠就越大。

再次，在“美”字上做文章。要知道，最漂亮的女人对自己的外表也没有绝对的自信。她们的自信往往来自于别人的肯定。所以，如果让她们相信你卖的商品能够给她们带来美丽，那么她们一定就会掏钱购买的。

最后，在“年轻”二字上做文章。除了特别年轻和特别老的女人之外，每个女人都害怕衰老。如果让她们相信你卖的商品能使她们更显年轻，她们肯定会对你的产品青睐有加并为之慷慨解囊的。

赚女人的钱，方法很多。但不管采用什么方法，最根本的就是努力打动女人的心，这样一来，你就会财源广进了。

想办法把冷门变成热门

一般说来，智商不高的人是不可能果断的，而不果断的人做生意或者经商是不可能赚大钱的。

实际上，商场上并没有真正的冷门，也没有永远的热门。两者之间是相对而言并且能够相互转化的。商人要想赢利，就必须运用自己的智慧去选择那些即将成为热门的冷门。

下面将要说到的这两个人凭借的就是他们的经营智慧，顶住了压力，力排众议，使别人看来险象环生、必死无疑的冷门决策变成了制造财富的“点金石”。

唐仲庚有着聪明的大脑和非凡的洞察力。他放弃了那些常人眼中的机遇，却在别人一无所知的地方找到了自己的“蓝海”，从昔日的穷小子一跃而成为大亨。

1958年，由于现实的需要，唐仲庚开始筹建一幢百货大楼。他在新加坡纵深内陆的偏僻之地——乌节路买下一块地皮，准备盖楼。当时，唐仲庚被看成一个疯子，因为那时新加坡的商业活动主要集中在滨海地区，人们都在那里投资商业，所以对于他要在乌节路盖百货大楼，很多人都充满了疑虑，认为他是把钱往水里扔。还有一些所谓的会看风水的人，更是对乌节路这块地皮看不顺眼，因为这块地皮面朝一个墓地，按照中国的风水之说是个不祥之地。面对着诸多的嘲讽和质疑，唐仲庚并未改变初衷，而是下定决心要在乌节路大干一场。其实唐仲庚并非痴人，他之所以下定决心要在乌节路这块地皮上盖百货大楼，是因为经过仔细考察，他发现乌节路是英国主顾们每天上下班的必经之路。如果把大楼建在这里，就相当于在无形之中把英国主顾们的购物袋拉向了自己的百货大楼。

由于位置偏僻，唐仲庚仅仅以50新加坡元一平方英尺的价钱就买下了这块土地。后来，他排除了一切困难，盖起了他的第一座百货大楼。

情形正如唐仲庚所预料的那样，那些英国主顾们在上下班路过唐氏百货大楼的时候，总会自然而然地进去购买自己所需的物品。时间不长，由于这个地区得天独厚的条件，乌节路很快就成了新加坡商业区的心脏地段，地价成倍上涨。原先50新加坡元一平方英尺的价格，后来涨到了6000新加坡元。唐仲庚因此获得了极大的成功。

随着新加坡经济的大踏步前进和唐氏商场的发展，唐仲庚决定重新建造唐氏商场，位置就选在乌节路和史名士路的交叉路口。这又引起了巨大的波澜。大部分人不理解，认为唐仲庚是在胡闹。

这又是一场新的挑战，不过清醒的唐仲庚始终坚信自己的选择。他不迷信风水，只信奉经商之道。他大刀阔斧地作出了调整，然后正式作出重建唐氏商场的决定。当然，他又一次获得了巨大成功。后来有人问他当初是怎么想的，他解释说："史名士路是通往柔佛的各条路的汇集处（他的许多富有的马来西亚族顾客来自柔佛），而乌节路通往市区。"

多数人不愿意去赶冷门，但并不是说冷门就等于没"门"。如果能像唐仲庚这样看到冷门后面的热点，就能赚取更多的财富。这里"抓住机会"的本领非常重要，能够把冷门变热门是高明商人必备的素质之一，也就是当前最热门的"蓝海战略"。

学会根据市场需求“补空当儿”

先知先觉者已经在各自的领域内树立起了一面面财富的大旗，后知后觉者则在苦苦寻觅可以插下财富旗帜的山头。在这个越来越成熟的市场中，提供给后者的机会不是很多，但仍然有好多人可以在激烈竞争的夹缝中找到一些被人忽略的盲点，看准人们生活习惯中蕴藏的商机，果断出击，一跃成为财富新贵。于是，这些新贵们便兴高采烈地跑到那些已经插满财富旗帜的山头，倍感荣幸地将自己的那面旗帜也插到了上边。

“补空当儿”是一门大学问。机会的场地虽然看上去似乎已经座无虚席了，但只要你挤上去，总能找到立足之地。俗话说“见缝插针”，寻找商机必须要有眼光和灵活性。别人横着站，你不妨侧身而立，利用好别人剩余的空间，你完全可以站得更安稳牢靠。

长沙长富利公司的老板陈子龙被誉为“补空当儿”的专家，他的成功经验是 12 个字：人无我有，人有我专，人缺我补。这套经验是陈子龙在长期实践中摸索出来的。年轻时的陈子龙只是一个小商人，开着一家小副食店，由于实力薄弱，时时面临着对手的挤压，几番风雨之后，陈子龙终于想出了“补空当儿”的妙招。

有一天，陈子龙来到自己在五一路的分店，发现店里生意很不景气，心里很不是滋味。经过了解，他发现，原来在离分店 100 米的地方新建了一栋百货大楼，那里货源充足，客流量大，招徕顾客的手段高明，而他的分店在品种竞争、场地竞争等方面都处于劣势。鉴于这种情况，陈子龙决定利用自身“小”的特点寻求发展。他注意到那家大商场的营业时间是早上 9 时到晚上 8 时，这使一些早出晚归、想买应急商品的顾客感到很不方便。于是，陈子龙调整了自己的分店的营业时间，将以前的“早 9 时到晚 8 时”改为“早上 6 时至下午 1 时”和“下午 3 时至凌晨 2 时”两个时段，使营业时间基本上与那家大商场错开。这种与众不同的营业时间正好满足了那些早出晚归的消费者，起到了“补空当儿”的作用。

陈子龙的商场不仅从商品品种、货源多少、顾客需求的变化上进行考虑，还注意在时间差、服务手段上突出自身的特点，尤其是在别人不太注意的细微之处，他更是通过看、问、比、试，不断发掘可供自己利用的特点，使各家分店在不同的销售环境里勇于创新，不断吸引顾客，提高了自身的声誉。凭着“补空当儿”这一招，陈子龙的企业在夹缝中求得生存并不断发展壮大。陈子龙也成为长沙屈指可数的大老板之一。

“补空当儿”的要点是通过填补其他商家经营上的空白来吸引顾客、占领市场。陈子龙这一招从人们的生活习惯着手，既提高了自己的经营业绩，同时也避免了和对方的无效竞争。聪明人总是能够发现被忽略或别人根本不知道的机会或空间，并且善于加以开拓和利用。他们独辟蹊径，从小路杀到大路上。由于少了竞争和阻力，他们往往能比别人更有优势，因此也能领先一步。

商家最忌讳的就是低层次的竞争，干什么都“扎堆”，你有我有大家有。市场的容量终究是有一个限度的，类似的商家越多，利润就越薄，发财的机遇就更无从谈起。

董秀丽从小就酷爱养花弄草，在她家乡的小镇上，家家户户的房前屋后都种满了花草树木。董秀丽的父亲更是对种养花草情有独钟，把自家院落布置得像个大花园一样。在父亲的影响下，董秀丽也开始钻研起花卉的培育技术。她从小就有一个不大的梦想——开一家属于自己的鲜花店。高中毕业后，董秀丽仔细地调查了合肥市鲜花市场的行情，她发现，当地的鲜花店越开越多，竞争非常激烈，如果涉足，风险很大，成功的机会很小。于是，她又把眼光转向盆栽的绿叶植物，但经过一番调查之后，她得到了与鲜花市场同样的结论。

那么，有没有一种既美观大方又有品位，生长时间长又容易养护的花卉品种呢？正当董秀丽为此苦苦思索时，一篇关于瑞士“拉卡粒”无土栽培技术的文章深深吸引了她。这种花卉不用土、没有异味、没有污染、不生虫，人们能够观赏整株植物生长的全过程，而且在正常情况下，半个月左右给它换一次水就可以了。看着图片上那些生长在透明玻璃瓶里、正在五颜六色的营养液里伸展着可爱的根部的花卉，董秀丽的心被触动了：“这不正是我日夜寻找的东西吗？”过去接触过“懒汉鱼”、“懒人发型”等新鲜事物的董秀丽脑筋一转，“我何不把它叫做‘懒人花卉’呢？”

董秀丽认真地思考起这种花卉的市场前景。现代人生活节奏很快，人变得更“懒”了，越是方便的东西，就越能得到人们的青睐。

怀着深深的喜悦和无比的激动，董秀丽按图索骥，到上海找到了研究水培花卉技术的工程师。凭着自己的聪明才智，经过几天的学习，她就完全掌握了这项尚且少人问津的新技术。带着“拉卡粒”、“营养液”和胸有成竹的自信，董秀丽匆匆赶回合肥。在家中，她独自对吊兰、多子斑马等十几个品种进行了两个星期的实验，结果大获成功。

看准了“懒人花卉”的庞大市场，董秀丽说干就干。在合肥裕丰花市，她成立了合肥市首家也是唯一的“懒人花卉”培育中心。这个中心拥有大型苗圃，采取连锁经营的方式，在花草鱼虫市场、超市和居民小区等人口集中的地区开设分店，为人们美化居室提供服务。

“懒人花卉”一亮相就受到了人们的喜爱，顾客们蜂拥而至。位于合肥繁华地带的“轻松咖啡屋”在开业两周年之际，批发了一些“懒人花卉”，放在供客人使用的桌子上。店主说：“以前我们像其他地方一样，摆的是康乃馨、玫瑰等鲜花，现在换成能看到根部的紫露草、小天使等，觉得又别致又有品位。”一些宾馆还在客房的卫生间摆上了“懒人花卉”。

初尝成功滋味之后，董秀丽又开展了“懒人花卉”的出租业务，还定期上门为售出的“懒人花卉”提供精心的养护，让人们花很少的钱就能享受到千姿百态的花卉艺术。

机遇总是垂青于有准备的头脑。董秀丽出于对花卉的热爱，密切地关注这一市场每一丝的风吹草动，最终抓住了“懒人花卉”这一契机，培育出了能够适应快节奏的现代生活装扮家庭和办公环境又易于养护的新型花卉。在给千万个家庭和商家带去了美的享受的同时，她自己也靠这个商业盲点享受到了成功的快乐。

从某种意义上讲，空当儿就意味着商机，就是利用时间、技术或地域上的种种因素，从原有生意中找出尚未开发的部分。补空当儿在商业中的风险比开拓新领域要小得多。别人已经把大部分的风险和利益占了，而你只是把被忽视的小部分拾起来，这实际上是对市场的一种细分策略。

在现实生活中，人们的需求往往各不相同。企业要找到一群需求完全一致的顾客,是根本不可能的。不同的顾客往往在购买动机、偏好、习惯等各方面，均存在着极其显著的差异，这种差异性决定了市场存在着异类性。

但不可忽视的是，在异类性偏好中又往往会存在同类性的需求，比如，人们在购买服装时，中年妇女的服装往往要求朴素大方，颜色不能过于艳丽；年轻女子的服装则需新潮别致，色彩搭配要渗透出青春活力。这就是同类性市场。

同类性市场说明购买者的需求、爱好、购买行为、购买习惯及购买动机等具有共同性，也就是说，市场上的消费者的偏好大致相同，不存在显著的偏差。

根据市场的异类性和同类性特点，对消费者的需求进行细分，就需要一系列的细分标准。一般来说，凡是构成消费者需求差异的因素都可以作为市场细分的标准。具体可以分为以下几个方面：

（1）地理标准。按消费者所在的地理位置，如某个国家、某个地区、某个城市或某些农村来细分市场。这是传统的划分方法，也是现代市场营销学细分市场的重要依据。由于消费者所处的地理位置不同，气候各异，对某些商品的需求就不一样；由于消费者所处的地域，如高山、平原等自然条件的不同，会使消费者的需求有所差异；由于消费者所处地区人口密度不同，对商品的需求量也不同——人口密度大，需求量也大，否则就小；由于城市和乡村的差别，大城市和小城市的差别，在消费需求上，也呈现出许多差别。所以从地理位置来细分市场，企业可以专门生产某一地区或某几个地区消费者需要的商品。

（2）人口标准。在多数情况下，人口标准是细分市场的主要标准。它包括年龄、性别、职业、收入、教育程度、家庭规模、宗教、种族、国籍等细则，按照这些细则，可将整体市场细分为许多小市场。

（3）心理标准。在市场营销活动中，经常会产生这种情况，即人口因素相同的消费者，对同一商品的爱好和态度截然不同，这主要就是由于心理因素的影响。消费者的心理因素很复杂，在细分市场时主要参照以下几个因素：①按照消费者的购买动机来细分市场。消费者购买商品的心理活动是十分复杂的，动机也是多种多样的，主要有求实、求廉、求名、求美、求吉、求速等。动机不同，需求也就不同，因此，可按这些需求的差异来细分市场。②按消费者购买的数量和频率来细分市场。可以把某种商品按大量使用、中量使用、小量使用以及使用频率的高低来细分市场。③按照消费者对价格的反应程度的不同来细分市场。有些消费者比较注重商品的质量和式样，对价格的高低反应并不灵敏；有些消费者则主要偏重价格便宜，经济实惠；就某些非生活必需品来说，当价格有一定涨落时，各类消费者的反应也是不同的。这就给企业细分市场提供了标准。

（4）行为因素。行为因素是有效地细分市场的最好的出发点。企业应根据消费者对产品或产品属性的认识、态度、反应或使用等将消费者划分为不同的群体。大致说来，行为性因素包括购买动机、追求利益、产品使用频率、用户状况、品牌忠诚度、消费者对营销组合的敏感度等。因为在这类分法中，消费者与产品直接挂钩，所以它更直接易行。

在特殊需要中找到难得的商机

所谓特殊需要就是特定消费群体的一种消费期待，实际上就是一块空白市场，谁能发现、开发它，谁就能得利。

年轻的中国留学生周强来到英国的一所大学攻读硕士学位。这所大学坐落在英国的一个小镇上，和大部分留学生一样，周强在学习之余也思考着如何打工赚钱来补贴生活费用。可是由于大学所处的位置偏僻，工作机会并不多。

一天，周强听见室友抱怨说，在此地吃不到正宗的中国菜。他灵机一动：此地中国留学生甚多，与其打工赚钱，倒不如开一家中餐店，成本不高，还有顾客群体。他把想法和室友们一说，大家纷纷赞同。

不久，在这所大学附近，一家名为“留学生之家”的中餐店开业了，由于周围的中国留学生们纷纷前来光顾，再加上没有什么竞争对手，中餐店的生意异常红火。

由于中西方文化传统的不同，饮食上也有很大的区别。对于身处异乡的中国留学生来说，传统的中国菜肴可能比西餐更有吸引力。周强针对中国留学生这一特殊消费群体推出中式餐饮，满足了他们的需求，也给自己带来了丰厚的收入。

在英国伦敦苏豪区彼科街有一家商店，店主是约翰·史密斯夫妇。虽然赚钱不多，史密斯夫妇仍然生活得很快乐。他们俩很有同情心，待人亲切，所以朋友很多。有时候，人们来到他们的小店里并不是为了买东西，只是聊聊天，或者倒倒苦水，或者说些开心的事。

一天，店里来了四位客人，巧得很，这四个都是左撇子。几个左撇子碰到一起，自然会谈论起与左手有关的事情。无一例外，他们都抱怨说左撇子的不方便，因为几乎所有的物品都是按一般人的需要设计的，左撇子用当然会觉得不顺手。

听了他们的谈话，史密斯夫妇深受触动，这些人真不幸，生活中竟然会有这么多不便。为什么没有人考虑他们的需要呢？如果自己开一家专门卖左撇子用品的商店，不是既对他们有益，自己也可以获利吗？不过，办这种商店的前景如何，史密斯夫妇心里根本没底，因为他们不知道在人群中到底有多少左撇子，他们是不是都需要这种专门性的商品。为此，他们做了深入的社会调查，以便了解用左手工作的人的数量，以及他们对左撇子用具的需求度。

后来，他们从美国心理学家拜尼逊博士那里得知：全人类中估计有34%的人是天生的左撇子，不过有许多人从小就被家长矫正了。这位博士还告诉他们，其实这种人为的矫正是不可取的。史密斯夫妇还从日本学者研究的结果中了解到，中老年人改用左手是一种健康长寿之道，因为惯用右手的人，支配右手的左脑血管比右脑血管发达，因此60%的脑出血发生在右脑；如果有意识改用左手，就会大有益处，还能对右眼和右耳起到保健作用。

经过一段时间的调查研究之后，史密斯夫妇大约花了半年时间开设了一家“左撇子用品商店”。这家商店在伦敦是独一无二的。商店里陈列的左撇子用具，从花卉剪、开罐器、指甲刀，到高尔夫球棍、手枪等，一应俱全，几乎不亚于名流商店。这些产品都是他们要求各大厂家特别制造的。另外，他们还在商店里宣传拜尼逊博士和日本学者的相关见解。经过一段时间的经营，左撇子用品商店果然取得了成功，生意越来越兴隆。近年来，年营业额达数百万英镑。

商人在生产或经营一种产品前必须先确定消费群体。按照惯例，生产商或经销商常常将产品的消费群体尽可能定得广些，以便扩大销路；而“以特殊产品满足特殊需要”的做法却恰好相反，它是将某产品的消费群体限定在一个比较小的范围之内，以满足小部分有特殊需要的特殊群体。

其实，生活中每一个群体，相对于别的群体来说都是特殊的群体，都有一些特殊的需要。此外，在一大群体中又有小群体，比如，在北方的城市里生活的部分南方人，他们的需求就不同于北方人。商人如果仔细发掘这些特殊的需要，就可以有针对性地开发这些客户群体了。诚然，许多的特殊需要可能已经被别人考虑到了，但特殊需要可能是时刻都在产生和变化着的，因此，只要你眼光独到，总能发掘出别人从未发现的特殊需要。

深入调查，了解顾客需求

经商从某种程度上说是在提供服务，所以就要认真倾听顾客的意见，了解他们的真实需求，要让顾客感觉到你时刻都在关注他，这样才能赢得更多的顾客。

比尔·盖茨认为软件是一个产品，而想让这个产品有销路，就要让产品满足顾客的需求。所以，比尔·盖茨很看重顾客需求，在微软的发展道路上，他也一直通过各种方式深入了解顾客的需求。

除了微软的忠实顾客，比尔·盖茨还把目光投向了年轻的一代，因为未来世界是属于他们的，而微软想要让自己的产品符合顾客的需求，这些年轻人的意见也不可忽略。年轻人有丰富的想象力，微软的有些创新的灵感就来自这些想象力。微软为了准确把握未来市场的需求，也可以说是不遗余力。

微软从事软件开发已经有几十年，在这几十年中，也摸索到了软件行业的市场规律，想要让自己的产品有销路，就要深入调查，与广大的顾客取得联系，了解他们的需求，进而成功地开发出顾客需要的产品。为了更好地了解顾客的需求，微软还曾经组织过软件产品的试用调查。当产品的测试版本刚刚上市的时候，微软组织了一个产品宣传会，很多新老客户都来参观，并且不断有人提出问题，微软的开发工程师，不但一一为他们解答了问题，还向他们详细介绍了这个新产品的信息。同时，聪明的微软开发人员在回答完他们的问题以后，还反过来问这些顾客："您喜欢用什么样的软件？您觉得我们的产品在哪些方面还需要改进？"在这个互相问答的过程中，不但微软的顾客对微软的产品有了深入的了解，而且微软也知道了顾客的真实需求，起到了一石二鸟的效果。

在宣传会要结束的时候，微软的工作人员请所有的顾客为这个软件的测试版本给一个综合评价，供他们选择的评价结果有3种选择，分别是优、良、一般。同时微软还欢迎每个顾客对微软的产品提出建议，如果顾客提出的建议得到采纳，那么微软会为他们精心准备一份小礼物。而顾客的这些建议也会在产品里面表现出来。

最后，顾客的综合评价结果直接决定着新产品是否上市，如果顾客的满意率高，产品就会很快地推向市场。如果顾客的满意率极低，那么说明这个新产品存在着严重的问题，即使市场上需求旺盛，微软也不会把产品推向市场。比尔·盖茨知道，即使把这样的产品推向市场，用不了多久就会被市场淘汰。这就是适者生存，大自然的法则在计算机软件市场也同样适用。

微软在办公软件产品方面也曾经采取过类似的方法，并打败了莲花公司。在应用软件方面，莲花公司进入这个市场的时间要比微软早，这样莲花公司就夺得先机，及早地占领了市场。最初，由于经验不足，微软开发的办公软件很不好用，往往一个简单的任务就需要好几步操作，给用户带来很大的麻烦，有的顾客甚至发誓以后再也不用微软的产品。

很快，微软的办公软件上市不久就遭到了市场的"封杀"，比尔·盖茨知道这个消息以后，亲自挂帅上阵。他首先组织了一个市场调查小组，就目前微软办公软件存在的问题进行调查，这些调查小组的成员要深入软件市场进行走访调查，有时需要到顾客的家中或工作单位去调查，虚心听取每个顾客的意见。其次，他把市场部门和开发部门有效地协调起来，因为顾客的意见是从市场部门得来的，而这些意见最终要反馈到开发部门去。最后，比尔·盖茨改变了软件测试部门的工作方法，以前的软件测试是一些专业人员来进行的，他们也懂软件开发工作，这些人测试的主要目的是看软件是否存在错误。而对于软件操作和实用性方面，这些测试人员却无能为力。改变以后的产品测试部门将会增添几个普通的员工，假定这些人就是微软的用户，这些人专门为新开发的产品“挑刺儿”。

随着产品调查的深入，微软对自己产品的缺陷也有了比较深的了解，再加上微软对产品测试部门的调整，微软的办公软件的原来版本很快得到了改进。新的办公软件不但功能更强大,而且操作简单，一个简单的任务不再需要麻烦的操作过程，另外，微软的开发人员将办公软件中常用的工具以工具栏的形式罗列出来，用户只要轻轻一点，就可以获得相应的操作。不久，微软请一家调查公司做了一个市场调查，发现微软的办公软件满意度提升了一大截。同时，微软的办公软件销售量比原来翻了一番，这就是最好的说明。

在现在的软件市场上，软件产品琳琅满目，微软的产品却能够一直独占鳌头，能够深入市场调查，了解顾客的真实需求，这些才是微软制胜的绝招。由此可见，只有经过深入调查、切实了解顾客的需求，才能使产品有竞争力，在竞争激烈的市场上占有一席之地。

没有商机可以制造商机

最先把握商机者容易建立起具有领导地位的品牌，且少有对手与之分庭抗礼，由此容易获得较为丰厚的利润，这为他们在以后的发展中确立其竞争优势起到了决定性的作用。

那么，在看似没有商机的状态下该怎么办呢？这时候就需要制造商机。制造商机其实是发现商机的另一种形式。

弱者失去机会，愚者等待机会，智者善抓机会，强者创造机会。创造商机更加重要，成功的商人就有随时准备创造商机的商业习惯。

创造商机首先应该解决经营的理念，不要被传统的经济观念和固有的思维定式所束缚，多用逆向思维、发散思维、跳跃思维等思维方式，异想天开、独树一帜，别在乎别人诧异的眼光，别在乎世人无聊的议论，只要能够赚钱就好！

创造商机也要紧密把握时代的脉搏，知道消费者想要什么产品或服务，然后不断改进营销方略，争取最大的市场份额，获取最大的利润空间。

情人节的玫瑰，你知道多少种卖法呢？

方法一：卖“稀奇”。

一种产自荷兰的玫瑰花名叫“蓝色妖姬”，在上海，这种玫瑰花的价格已经达到了200元一枝。而且，其他品种玫瑰花都还没能卖完，而唯独“蓝色妖姬”卖得一干二净。

“蓝色妖姬”卖的就是“稀奇”：一是品种奇。市面常见的玫瑰都是红色、紫色、白色、黄色、粉红色。纯蓝色的玫瑰极其罕见，所以能成为玫瑰之王且能支撑其天价。二是名字奇。“妖姬”这个名字，既有一些神秘感，也有一丝叛逆和狂放的意味在其中。还怕抓不住消费者的眼球和钱袋吗？三是价格贵得出奇。卖方把握了顾客的心理需求，有意哄抬身价，充分利用“物以稀为贵”的消费心理定式。

方法二：卖“古怪”。

一种从台湾进口的“内裤玫瑰花”，它的玫瑰花朵是由一种大红色纱质女式内裤卷成，花朵下面用塑料仿真绿叶相衬，不亚于含苞欲放的真花。

方法三：卖“服务”。

玫瑰是情人节的礼品。少不得又不能太随便。消费者总想在上面做出点花样来，以显得与众不同。精明的商家自然会满足顾客的需求，更多的是在包装上下工夫。

在一个专业礼品网站上，数量不等的玫瑰花被塑造成各种造型，而每种造型又都被赋予了不同的寓意：真心、洁白、想你、我爱、五彩年华、随缘……

与精美包装相随的，还有贴身的服务——配送。对那些忙得没空逛街而又一心给爱侣一份节日惊喜的都市白领来说，这一招有相当大的魅力。

方法四：卖“赠品”。

玫瑰并不总是作为商品出现，而是作为“赠品”成为一些商家节日促销的礼品。

一家商场在情人节打出广告，凡是当天购物若干金额，便可得到最浪漫的情人节礼物“红色玫瑰花”。还有多家门户网站，推出情人节爱语征集活动，奖品就是一大把情人节的玫瑰。

方法五：卖“期货”。

在北京、长沙、广州等地的不少花店都推出了情人节玫瑰期货服务，而且还相当受欢迎。

花店的“鲜花期货”，就是店家标出现在预订花朵或花束的价格，消费者先交钱预订，到了情人节那天直接领花，由此可以规避当天玫瑰花价格可能飞涨的风险。

对情人们来说，价格风险可能还是其次，缺货才是他们真正担心的风险。尤其是一些特殊的品种。而且，有的情人们，为了讨对方欢心，要购买 19、99 等数字组合的玫瑰花，这么大的数量，可就非得先订货不可。万一到时缺货，自己精心准备的惊喜就要泡汤？

方法六：卖“马鞍”。

到了情人节，有的男士很精明，自己去花卉批发市场选购玫瑰，再到花店包扎。不仅花新鲜，花费还不多。商家当然更精明，一到情人节，一些花店专门推出了花纸、彩带等包装鲜花材料专项服务，纷纷打出包扎鲜花的招牌。马卖不出去，能卖几个马鞍出去也是好事情。

成功商人创造商机的手段，远比卖玫瑰的方法多得多，他们能够紧跟时代步伐，摸准市场规律，关注大小信息，具体方法上“法无定法”，他们创造商机的手段总是在人们意料之外，而又是情理之中的。

商机面前人人平等

商机在人人面前都是平等的。面对商机，所有商人都可以有所为，有所不为，可以抓住商机，取得财富，也可能面对商机束手无策，坐失商机。商机是商人自下而上的源头，是不容置疑的，问题在于商人应该如何识别和把握商机。

（1）要以灵活高效的机制，快速地应对随时出现的商机。商机是一闪即逝的，更何况市场竞争激烈，谁先入为主，谁就先下手为强，占尽风光。所以，商人们一定要反应灵活才行，随时都要处于高度的戒备状态，一旦发现目标，就要迅速做出反应，立即锁定目标。

（2）还要培养竞争的意识，锻炼自己敢打硬仗。有时很多商机往往是被众多人同时发现的，这就像赛场上发令枪一响，运动员都朝一个目标奔跑，就看谁的奔跑意识强，精神状态好了。可以这样说，哪个商人的竞争意识强，哪个商人就可能会在商机面前稳操胜券。

（3）还要有超前性和预见性，不打没有把握的仗。商人应有超前眼光，要准确分析形势，密切关注事态的发展变化，关注市场的变化，并且要果断决策，不能坐失良机。这些最能反映出商人的远见卓识和心胸的谋略，同样的还能体现出商人的整体水平。

诚然，商机之所以诱人，就在于其中的巨大利益，因此，我们必须更加冷静地看到，商机中充满了挑战。

机遇面前人人平等，所不同的是面对机遇时，人们做出的不同选择。每个人的自身素质、社会地位、物质条件对把握机遇有着重要的影响。机遇只青睐有准备的人，一个有志成功的人会根据自身的情况做出适当和积极的努力，就像登山，只要肯攀登，就能登上山顶，虽然每个到达山顶的人走过的路可能会不同。俗话说得好：“皇天不负有心人”。面对商机也是一样，准备好的人可以如鱼得水，没准备好的人有可能与机遇擦肩而过，也有可能因为强行把握，不仅无法把商机转化为赢利，反而落个丢盔弃甲的下场。就算是在机遇青睐的人群里，也分个三六九等，相同的商机面前，有人能举一反三，有人却能举一反十。

在机遇中，有的人停下来歇息了，而有的人依旧忙碌，尽管如此，机会依然存在，因为一切只留给有准备的人。

马武雄是一个不放过机遇的商人，他随时随地都会带上创富灵感记事本。1968 年，马武雄出生在潮州一个小商人家庭。1987 年，他来到了深圳，先是在一家电子制造厂里当计件工，因为他能吃苦耐劳，而且还认真好学，一年下来，他钳、铆、电、焊制造技术都样样精通，深得师傅和厂领导的信任，还得到了一个小主管的职位。但是过了两年，马武雄便有点厌倦了这种缺乏挑战性的生活。一次聚会上，一个销售塑料花的朋友跟马武雄说："自己做生意才能有更大的空间，要干就自己干！"就是这一句话便激起了马武雄的创业热情，他毅然地辞去了比较稳定的工作，开始沿街叫卖塑料花。

在那些沿街叫卖的日子里，上午 8 点一直到晚上 10 点，这期间是没有休息时间的，不管风吹、雨淋、日晒，挨过白眼，挨过骂，这些马武雄都没有喊过苦，他也从来没有后悔过他当初的选择。有的人还嘲弄他：不就是走街串巷的卖花仔嘛！但马武雄认为，即使是卖花也要做深圳最棒的卖花仔。深圳南来北往的众多游客就是财富，马武雄认真研究深圳哪里游人最多，什么样的场合游人最愿意买花。渐渐地他的埋头苦干和真诚待人得到了许多人认可，所以他的塑料花销售生意也蒸蒸日上。

一年半后，他把卖塑料花赚得的钱全部投资到了服装商铺上。第一次事业上的成功使他体会到，创造事业并不一定要硬守某个行业和项目，碰到商机应及时地转变。不久，他把这两个价值约 10 万元的店铺转给了来深圳发展的兄弟，此时，他又盯上了刚兴起的录音带销售行业，因为在当时，每卖出一盒录音带就可以赚得 3 倍的收益。

但一次的失误，却几乎打垮了他。1990年的一天，马武雄去广州进一批将近10万元的货，因为与进货商比较熟，所以他就没有仔细看货，当回家打开仔细检查时，却发现一大多半录音带是假货，等他赶回广州时，供货商已经人去楼空。坐在广州街头气愤却又无奈的他落泪了。屋漏偏逢连阴雨，那几天真是祸不单行，他的服装店铺由于被合作方在合同上算计和自己经验的欠缺，最终落了个血本无归。突然之间他由一个老板变成了负债10万余元的穷光蛋。

他搜遍了家里的所有现金也只有30元零8角。为了尽快还债，他夜以继日地卖命干活，一个人打三四个人的工，帮人修电器、卖盒饭、做装修工……1993年，马武雄又召集了20多个老乡，千方百计才转包到一项小装修工程。他们没日没夜地工作，终于，按时按质完成了工程，他们本来以为交付工程后就有钱了，可没有想到近4万元的工程款一分也没拿到。

到了1993年秋天，天气已经慢慢地变凉了，马武雄和20多个工友却挤在一个烂尾楼里，在临时用砖头和草席搭成的地铺上睡觉，那里肮脏潮湿，并且臭气熏天，晚上他们只能盖着从废品站里捡来的破旧棉被。马武雄一边向亲戚朋友借钱维持工友们的生活，一边没日没夜地四处奔波其他生意。

他为了摆脱困境，东拼西凑地借了几万元，然后又在罗湖区开了个小饭馆，经过仔细观察饮食市场，虚心向业内人士请教。通过一番努力，他的饭馆终于开始营业了，由于他经营的品种有卖点，服务又跟得上，拽住了一批回头客，饭馆几乎是天天座无虚席。经受几次失败的打击后，他一点都不敢马虎，事事都是亲力亲为，和工人们起早贪黑地采购食用原料，挑选菜式，他甚至还亲自带领工人洗菜和搞卫生。

5年后，他不但还清了所有的债务，而且还积攒了一大笔资本。在那段艰苦的日子里，也使他养成了一个习惯，那就是记事本随身带着，去卫生间也都带着，想起的事情都会随时记上来，所以对于任何一个“创富”灵感或者任何一个合适的商机他都不会放过。

马武雄之所以能够表现得处处比别人先知先觉，能够让人感到商机格外垂青他，是因为他不停地、不间断地寻找商机。正所谓商机只青睐于有心、有准备的人。就算是天大的商机摆在你面前，如果你视而不见，置若罔闻，日子照样平平淡淡地过下去。诚然，成功的区别就在于那些一直在寻找商机的人，商机来临之前，他们就做好了各种准备，商机到来时，他们不但能抓住，而且还比别人早抓住。这样的人，成功也是必然的。

第八章 财富从管理中来

得贤则昌，失贤则亡

“得贤则昌，失贤则亡，自古至今，未有不然者也。”得到贤人，才能繁荣发达，失掉贤人就会走向衰亡。

古代著名思想家范仲淹在《选任贤能论》中指出：“得贤杰而天下治，失贤杰而天下乱。”意思是，得到贤明和杰出的人才，国家就安定而有秩序；抛弃了贤明和杰出的人才，国家就会混乱。贤才对于国家来说，就像利器对于高明的工匠，绳墨对于灵巧的木匠一样必不可少。

楚汉相争中，陈平是一个从楚逃来的犯人，刘邦与他谈话，见他很有才智，便心头大喜，赏识其人，任为都尉，兼参乘，典护军。这虽非大官，但却是重要的官职，参乘是亲信侍卫，与刘邦同车出入，非心腹之人是不能胜任的，尽管诸将知道了都为之哗然，但并不能动摇刘邦对陈平的信任，反而更厚待陈平。

刘邦对陈平如此器重，足见他确是知人善任。而后来的事实证明，陈平确实是一个奇才。刘邦之所以能战胜项羽，处于危机能够转安，以及刘氏政权不被吕氏所夺，在很大程度上是因为陈平的奇计起了重要的甚至是决定性的作用。除了陈平外，刘邦还物色了韩信、英布、张良等奇人猛将为己所用。

项羽是秦末叱咤风云的英雄人物，他深谙兵法，力可拔山举鼎，他“破釜沉舟”，于巨鹿与秦主力决战，九战九胜，大破秦军，诸侯战栗；楚汉相争，他屡战屡胜。他总结其一生的战绩时说：“吾起兵至今八岁，身七十余战，所当者破，所击者服，未尝败北。”

可是，这位盖世英雄却最后自刎于乌江，其故安在？说到底还是识人用人的问题。项羽自恃勇冠三军，对韩信、陈平、英布等一干谋臣武将视而不见，致使后者纷纷离楚归汉。人才在身边不知不用，最后把自己弄成孤家寡人。

因此，在这场霸王之争中，谁胜谁败，早成定局。

人才常常在应用时产生出巨大的力量。

三百多人的集体企业鄱阳五金铸造厂，由于经营管理混乱，产品滞销，累计负债超过其全部资产的 40 多万元，受到该市政府破产警告通知——黄牌警告，面临倒闭的危险。

北京钢铁学院研究生院“海天服务公司”的杨起瑞、韩刚、刘北成、赵克文等几名研究生，从电视、报纸上得知这一消息后，心情很不平静，决定去助一臂之力，帮助工厂起死回生。经过一番商量，他们决定将自己研制的两项新产品新技术——电冰箱保安器和空调机保安器，无偿转让该五金铸造厂。这些研究生带来的新产品、新技术，使五金铸造厂像久旱逢甘露，出现了勃勃生机。第一批产品出厂，收回的资金超过了工人们筹集的 6 万元，大大鼓舞了全厂职工的士气。

从第一件冰箱保安器出厂开始，目前该厂的生产能力已达到了几万件，从单功能的第一代冰箱保安器到功能齐全的第三代新产品投放市场，仅仅一年时间，全厂发生了巨大变化。现在，这个厂以形成了冰箱保安器和空调保安器两条生产线。截至 1987 年 11 月，全厂资产总值已达 52 万多元，固定资产净值 12 万元，偿还了 18 万元的债务，超额完成全年利润指标。

可以说，这是人才力量救活一个工厂的典型事例。

在政权建设上，“一言可以兴邦”，“一言可以丧邦”。在经济活动中，人才的妙计，也足可以使一个企业兴旺发达。

1984年，河南省项成县的两家国有企业合并建立了周口地区味精厂。可是，产品到了市场上，和同类产品相比，成本高，质量差，销路不畅。于是，他们立即从北京、天津、上海等地聘请了一批教授、工程师等专家为高级顾问。在专家们的指导下，工厂改革工艺流程，采用新的发酵方法，实行科学管理，使生产成本大幅度下降到同行业的最低水平，同时产品质量也冒了尖，在法国第十二次国际食品博览会上获得了“金奖”。

争天下者必先争贤，得贤者得天下，只要唯贤是举，唯才是用，就不愁天下不能得。

有才必举是准则

古人云：“知能不举，则为失才。”这是高明之见。

谋求天下发展必须把人才作为根本。有才必举就是顺理成章的事情，如果知道人才而不举荐，识了奸人而不贬斥，像寒蝉一样默不做声，那么一个国家就会没落，一个企业就不能兴旺发达。

因此，“在位者以求贤为务，受任者以进才为急”，即在高位的人应该以访求贤才为最要紧的事情，接受任命的人应该以推荐人才作为最紧迫的事情。

春秋时代，百里奚为秦穆公竭智尽力，对秦国政治、军事、外交工作起了巨大的作用，最终促使秦穆公成为春秋五霸之一。但秦穆公之所以能起用百里奚以称霸，并非缘于秦穆公本人对他的直接赏识，而是得益于公孙枝的推荐。

百里奚曾经过着颠沛流离的艰苦生活。他当过俘虏，喂过牛，当过奴隶。秦国大臣公孙枝知道百里奚是一个人才，便建议秦穆公用五张羊皮把他赎回，让他担任大臣的职位。秦穆公开始不同意，但公孙枝力荐，最后秦穆公还是听从了他的建议，让人将百里奚赎回。

因为百里奚是楚国的奴隶，秦穆公开始担心用奴隶做大臣，会遭人耻笑。可是，公孙枝情愿把自己的大臣职位让给百里奚，这种行为，若是不忠于国家的人是做不到的。在公孙枝的力荐下，秦穆公终于同意起用百里奚。当然，秦穆公能同意用奴隶百里奚做大臣，也是明主才能做的事情。正如公孙枝所说，信任贤臣，哪会闹笑话。

对于一个人才来说，如果能得到一个善于识别优劣真伪的人的举荐，无疑是一种幸运和鼓舞。因为只有在这样的情况下，优秀的人才才可能脱颖而出，不至于被埋没。

汉朝开国大将韩信，为刘氏江山立下了赫赫战功。他出身贫苦，先在项羽军队里当兵，不被重视。后来投奔刘邦，开始也只做了治粟都尉，掌管粮草。萧何了解情况后，认为韩信是一个不可多得的将才，就向刘邦推荐。刘邦开始不以为然，一再推托。

萧何说：“有才不知，知而不用，怎能成就大事？”经过萧何的努力，刘邦答应召见韩信，拜为大将。

萧何又说：“拜大将是一件大事，不可潦草，要郑重地选择吉日，修筑拜将台，举行仪式，既表示对韩信的信任，又说明你礼贤下士，天下人才才会望风而归。”刘邦采纳了萧何的建议，为韩信举行了隆重的拜将仪式。此举不仅使韩信大为感动，而且也鼓舞了天下有才之士。

识才不易，举荐人才也不易，只有独具慧眼的人能识得人才、举荐人才。因为有贤才的人，在他未成才的时候，不为人所知，或知之甚少。如果已锋芒毕露，才华超人，容易被嫉妒贤才者所忌，不仅不肯推荐，甚至加以毁谤。

而有的人虽知贤也不推荐，这样的人认为多一事不如少一事，怕推荐的人如出事累及自己。因此，世上虽然有奇才，但愿意推荐的人却极少，也就是这些原因。

所以说，荐贤者不仅要有知人之明，而且要有荐贤之德，不嫉妒贤才，有为贤才开路的至公之心。从这个意义上说，能推荐贤才的人本身就是贤才。

有推荐贤才的人，才能出现不少闻名于世的大才，那些推荐贤才的也如贤才一样名垂青史，为后人所称颂。在历史上，这方面的经典范例也为数不少。

达尔文读的是剑桥神学院，神学成绩不佳。很多人认为他智力在普通人之下，是一个十足的平庸者，但是植物学教授汉罗却看出达尔文有着特殊的才能。他特别器重达尔文的观察力和独立思考的治学品质。于是，极力推荐他随贝格尔舰进行环球科学考察，从而使一个“平庸”者，成为了举世闻名的科学家。

1884年，汤姆逊担任主任的卡文迪许实验主任招收研究生。这是世界研究生招收制度的开端。在汤姆逊招收的第一批研究生当中，有一个农民模样的新西兰青年，名叫卢瑟福。汤姆逊很快就发现了卢瑟福的杰出才华，于是举荐他出任加拿大麦吉尔大学的物理教授。1908年卢瑟福获得了诺贝尔奖金。1919年，汤姆逊热情邀请卢瑟福前来卡文迪许实验室担任主任，自己则毅然让贤。汤姆逊为人才开路的高贵品质，在科学界有口皆碑。

鲁迅曾举荐了萧红、萧军、柔石、叶紫等。赵树理对陈登科一篇错别字连篇的稿子格外器重，从中发现了作者未经雕琢的文学才华。徐悲鸿慧眼识宝，从一个国画展览会上发现了齐白石，使后者60岁走出茅庐，称雄画坛。

“玉石相类者，唯良工能识之。”意思是，玉和石的样子很相像，只有鉴别力精良的人才能识别出来。如果从识才的角度来说，是说只有拥有远见卓识的人，才能从平凡的人中发现人才。而事实也正是如此，好玉没有剖出来之前与砾石混在一起，如同一类；千里马在没有奔跑之前，与普通的马混在一起，难以分出好坏。实际上，这也从一定程度上说明了识才的不易，因为在一个社会中，毕竟精于识马的“伯乐”不是很多。

识才不易，然而知才而不用才，却是人才的极大浪费，是国家和企业的不祥之兆。

国家有贤能才能昌盛发达，社会必须依靠贤能才会得到治理，事物必须依靠贤能才会顺利发展。但在历史和现实中，常出现这样一种情况，凡是贤能的人，没有不想为国家社会效力的，但却因没有识贤的人推荐，或得不到重用，结果被埋没、被遗弃。

战国后期的六国不是缺乏杰出的人才，而是贤才被压制甚至驱逐或冤杀，以亲画线成了用人的准则。

六国所器重的人，主要是各国的皇亲国戚，其中最出名的有“四君”。“四君”中，有三人是本国的公子，除一人较有作为外，其他三人并非有经国之才。“四君”都以养士著称于世，但其所养之士中很少有杰出的人才，治国的大才则一个也没有。如齐国的孟尝君所养的人中，为人们所称道的大都是一些鸡鸣狗吠之徒。赵国平原君的宾客当中，倒有一个自荐的毛遂，但其贡献也不很大，而平原君只不过是一个“翩翩公子”，他因利令智昏，在长平之战中损兵十几万。楚国的春申君，因他不会知人，后来被他的亲信所杀。只有魏国的信陵君是一个杰出的将才，他曾率领五国之兵大败秦国，使秦兵不敢出来。但就是这样一位仅有的将才，最终因为秦国的反间计，结果被魏王剥夺了兵权，由于得不到信任，他郁郁寡欢，不久病死。

历史的教训值得吸取，俗话说，有朋自远方来，不亦乐乎？换言之，有贤人来到身边，更应该感到高兴，大胆使用才是。假如有才能的人得不到重用，甚至被压制被打击，那么势必让小人就行。而没有忠于职守、赤诚无私的贤人相助，这个国家、这个企业就必败无疑，至少成就不了什么大事。

我国五千年的历史孕育出来的“帝王学”清晰地记载着：封建国家的昌盛发达，明君圣主的清正有为，全赖忠臣的辅助。一代英明帝王的造就，与对贤臣的合理使用息息相关。同样的道理，企业的振兴，领导的成熟、成功，很大程度上是由于他的顾问、智囊、配角、秘书等下属干部的帮助。

不要任人唯亲

任人唯亲，指的是私营公司经营者在用人时重用亲戚、朋友和亲信。遵照一般的规律，在现实中，那些被私营公司经营者所了解熟悉的人得到重用的机会多些，这十分正常。因为私营公司没有必要使用一个自己不了解的人，那样风险太大。但这不能成为任人唯亲的借口。因为任人唯亲者在于只用亲者，即使亲者没有才能也要重用；而对于非亲者，即使德才兼备也弃之不用。许多私营公司之所以任人唯亲，主要出自亲者可信，亲者可用，亲者可靠，但是，这种做法却使许多公司经营滑坡甚至倒闭了。

著名的王安电脑公司的崩溃就是任人唯亲造成的。

在电脑发展史上，王安曾起到过巨大的推动作用。他所领导的王安电脑实验室的产品曾风靡一时，行销全世界。1980年，王安公司在世界105个国家及地区设有了分支机构，营业额达到了30亿美元。王安自己名下的财富就有16亿美元，被列为当时美国的第五大富豪。1986年7月3日，王安荣获美国“总统自由勋章”，1989年又荣获“美国发明家勋章”，获得了华人在美国的最高荣誉。然而，就是这样一个庞大的企业，却由于内部领导人用人不当，最终导致了覆灭。

王安电脑公司之所以失败，与其在市场预测，产品开发，定位上存在的偏差有关，但是最大的失败根源在于王安的任人唯亲观念。

王安在经营管理过程中，片面强调家族企业的家族继承性，在他用自己的铁掌控制公司四十年后就将公司的领导权交给自己没有本事的儿子，最终导致企业垮掉了。

王安始终抱着一种由他一人或一家控制公司的想法。王安一再强调，他绝对不愿意将公司的控制权丧失，让外人糟蹋了自己多年苦心操作的公司，当他的后人被证明并不适合继承自己事业的时候，王安仍旧固执地坚持自己的选择——他决定让无德无才的长子王列接班。

王列大学毕业之后，有几个夏天是在王安公司度过的，他被轮流安排在公司的各个部门去锻炼。王安这样做，其一是让自己的儿子熟悉公司的人事及环境；其二是为了让王列接触了解公司里一位名叫约翰·卡宁汉的人。约翰·卡宁汉在公司里十分优秀，他同王安共同制定了使公司快速发展的策略，深受王安的器重，并且是唯一一位王安家族以外的能影响王安决策的人。在当时，许多人都认为卡宁汉使公司取得了成功，他是能够使王安公司进入 21 世纪的最佳人选。但他并没能像人们所想的那样被推上领导地位，因为他不在王安家庭成员之列。

1986 年 1 月，王安任命 36 岁的王列为公司总裁，董事会成员们纷纷担心王列缺乏领导经验。董事们劝说王安招聘一位专业经理，挑选一位聪明富且有经验的人来管理公司，避免让王列这样缺乏经验的中年人进入管理内层。然而，王安却一意孤行，坚持让王列接班。

自从 1986 年王列接手公司以后，公司一年竟亏损了四亿多美元，公司股票三年下跌了 90%。王列并没有像王安那样从多年的奋斗中积累到经验，也不善于从实践中学习，更没有像王安那样的开拓精神和个人魅力，无法赢得员工们的支持与信任，在复杂的商场中显得十分脆弱和幼稚。当企业风暴来临之时，他无可奈何，将公司搞得支离破碎，使公司顷刻间崩溃瓦解。

任人唯亲，这是许多经营者致命的硬伤。一个不谙用人之道的经营者，就如同无头苍蝇，抓不住目标，公司最终将会滑向失败的边缘。用人是每一个经营者的必修课，只有具备了良好的用人艺术，才能在商场上立于不败之地。

大胆任用提拔年轻人

国王老了，面对三个儿子谁来接替他的位置，他请来各位大臣召开会议。

"我认为大皇子应该接任，因为他是长子，自然当立。"左大臣道。

"你没有搞错吧，谁都知道大皇子生性愚昧，做国王是万万不可以的，我认为二皇子为人本分，忠厚老实，他比较适合做我们的国王。"德高望重的右大臣辩道。

"对，我同意右大臣的意见。"一位文大臣道。

一会儿，对右大臣的主意大伙都表示赞成。国王笑了笑道："你们就没有一人赞成三皇子做国王吗？"

"国王万万不可，三皇子虽然聪明仁义，但他资历不足，又年纪轻轻，难以服众。"一位武大臣道。

"错了，一个富强国家的国王并不是一个资格有多老的国王。三太子虽然年纪轻轻，但最重要的是他聪明仁义，这就是做国王的资本。"老国王决定道。

在选人、用人方面不少人的观念似乎有失偏颇，按资排辈的观念在许多人的头脑里根深蒂固。

大胆起用年轻人，一是可以避免人才的流失；二是可以激发企业的活力，可谓一举两得。

亨利·福特十分重视培养和提拔年轻的工程师，这使得当他突然被挖墙脚——底特律新建厂的韦恩公司抢走了他的两名得力助手法兰德斯和伍德林格之后，却能够迅速在新秀工程师们强有力阵容的支持下，顺利生产T型车。他的别克汽车新工厂就是37岁的年轻建筑师阿尔巴顿·康的杰作。福特93分钟的造车秘诀是如何诞生的呢？也和阿尔巴顿·康有关。那是在设计海兰德公园工厂的时候，康征求福特的意见：

“把工厂设计成长865英尺（约260米），宽75英尺（约23米），四方形的4层楼建筑，以钢筋混凝土为材料，可以吗？”

“好的！”福特对康是相当信任的，毫不犹豫地同意了他的建议。

“玻璃占建筑物外观总面积的75%。”康继续说。

当时，对一般人来说，这个设想简直是不可思议的，几乎所有的墙面都由玻璃围成了，而福特却对此赞叹不已。

福特满心喜悦地说：“机械厂房设在另外一边，是一栋玻璃屋顶的一楼建筑。此外，总厂和这栋玻璃屋顶的机械房在天井中并有钢梁相通，上有吊车；如此，制造完成的引擎或变速器就可以利用天井中的吊车搬到总厂了。”

接着，福特又表示：“总厂四楼全楼面的天井也要加装吊车。法兰德斯先生所说的重力倾斜方式的生产流水作业台是一定要建造的。”

“对呀，成品就可以由高处向下自然滑动，人则可以不动，只要产品移动就可以了。”

于是，福特93分钟的造车秘诀就这样诞生了。

福特的故事告诉我们：对于青年人，要大胆任用，大胆提升，这是公司繁荣的条件之一。

创建学习型团队，提升企业核心竞争力

在1930年以前，英国工人送到订户门口的牛奶，奶瓶口既没盖子也不封口，因此，山雀与知更鸟这两种在英国常见的鸟，每天都

可以轻松愉悦地喝到漂浮在上层的奶油。后来，牛奶公司把奶瓶口用铝箔封起来，借以阻止早起的鸟儿偷奶喝。没想到，大约在20年后的1950年，英国所有的山雀都学会了把奶瓶的铝箔啄开，继续喝它们喜爱的奶油，然而知更鸟却一直没学会这套本领，它们自然也没奶可喝了。

如同山雀的成长历程一样，企业的成长壮大也是一个不断学习的过程。可以毫不夸张地说，企业的每一项进步都是通过学习实现的。科学日新月异，信息瞬间传递，新知识、新经验、新创举层出不穷，每天大量的知识奔涌而来。面对这一切，学习能力就要增强，只有这样才能适应变局。因此，现代企业的领导者又有了一个新的责任，那就是打造学习型团队。一个不能积极学习的团队，是无法面对激烈复杂的企业竞争，更无法适应多变的商业经营模式。

1. 建立学习型组织是企业发展的主旋律

企业要在竞争激烈、技术进步一日千里的知识经济时代生存与发展，必须不断学习，顺应形势变化，任何忽略知识管理的企业都将丧失探索商业和技术新前沿的机会。

正如《第五项修炼》的作者彼得·圣吉所说：“学习障碍对孩童来说是个悲剧，面对组织来说，可能是致命的。”

1983年，壳牌石油公司的一项调查表明：1970年名列《财富》杂志“世界500家大企业”排行榜的公司，有三分之一已经销声匿迹。在这一嬗变中，大部分公司失败的原因，就在于组织的智障妨碍了组织的学习及成长，使组织被一种看不见的巨大力量侵蚀，甚至吞没了。

据统计，从1918年到1988年70年中，1918年的美国企业百强只有39家在1988年还“健在”，仍能上百强榜的只有18家，经营状况好的只有寥寥3家。

这说明，一个经久不衰的企业成功的法宝不是先做大再做强，而是先做强再做大，要想做强，就需要企业永远充满活力，学习就是最好的润滑剂。

现在，建立学习型组织已经成了企业发展的主旋律。

美国著名未来学家约翰·奈斯比特早在1983年就大胆预言：“我们已经进入了一个以创造和分配信息为基础的经济社会。”随着科学技术的迅猛发展、互联网的横空出世和飞速壮大，信息社会已经在我们眼前，越来越多的企业意识到：组织学习对于现代企业至关重要。它不仅是企业的一项重要职能，更是为全面提升企业竞争力提供了先决条件，并成为组织生存和发展的前提与基础，对于企业的成败兴衰具有举足轻重的影响。

美国《财富》杂志指出：“未来最成功的公司，将是那些基于学习型组织的公司。”学习型组织是企业未来发展的趋势，一个企业只有当它是学习型组织的时候，才能保证有源源不断的创新出现，才能具备快速应变市场的能力，才能充分发挥员工人力资本和知识资本的作用，也才能实现企业满意、顾客满意、员工满意、投资者和社会满意的最终目标。未来成功的企业必然是学习型的企业。

2. 学习能力才是最大的竞争优势

企业核心竞争力的培养和提升离不开知识的创新、积累、转移和共享，这就要求企业应该成为一个学习型组织和知识型组织，在不断修炼中增加企业的专用性资产和隐性的不可模仿性知识等。

在产业结构突变、游戏规则重写的新竞争时代，雄厚的资源和强大的规模并不能保证企业能够在市场中获得生存和发展的机会，学习才是突破生存的不利格局、实现永续发展的根本，只有重视学习、用心学习，企业才能适应这个已经发生了重大变化的市场，才能获得竞争优势。

壳牌石油公司的企划主任德格说：“唯一持久的竞争优势，就是比你的竞争对手学习得更快的能力。”

美国通用电气公司迈向成功的过程，是一个创建学习型组织的过程。20世纪70～80年代，美国的企业因经济的疲软和不断增长的全球竞争压力而步履艰难。对于美国通用电气公司来说，多年僵化的等级森严的组织体系和传统的泰勒制管理模式正在逐步消磨掉这家传统企业的活力。

杰克·韦尔奇入主公司第八任首席执行官后，与其同人发起了一场思想和智慧超越传统和层级的创建学习型企业运动。20年后，美国通用电气公司的年净利润达到127亿美元，名列美国《财富》2001年度“世界最受赞赏的知识型企业”和2002年度全美十大最受推崇企业首位。

韦尔奇在即将离任之前的年度大会上自豪地宣称，美国通用电气公司成为了一个不断学习的公司，是一个士气高昂、充满好奇的企业。对于学习型企业的创建经验，他说：“我们的行为是由一个最根本的核心所支配的，一个组织从所有源泉学习的欲望和能力以及迅速把这种学习转换成行动的做法——这是它最终的优势。”

企业核心竞争力的本质是知识，而知识又与其他资源不一样，任凭权力再大、财富再多、武力再强，也掠夺不到它。因此，要不断地提升核心竞争力，就必须进一步提高自己的学习能力，而且这种学习能力还必须比竞争对手更强、更快，否则核心竞争力所创造的竞争优势迟早会被稀释分解。

现代企业之间的竞争已经演变成为学习能力的竞争。产品的推陈出新、技术的改进、成本的降低，归根结底都有赖于学习。一家企业，全体员工都具有不断学习的能力，企业的核心竞争力才会得到有效的提升。

全员决策，群策群力

美国通用电气公司是一家集团公司，1981年杰克·韦尔奇接任总裁后，认为公司管理太多，而领导得太少，“工人们对自己的工作比老板清楚得多，经理们最好不要横加干涉”。为此，它实行了“全员决策”制度，使那些平时没有机会互相交流的职工、中层管理人员都能出席决策讨论会。“全员决策”的开展，打击了公司中官僚主义的弊端，减少了烦琐程序。

实行了“全员决策”，使公司在经济不景气的情况下取得巨大进展。韦尔奇本人被誉为全美最优秀的企业家之一。

韦尔奇的“全员决策”有利于避免企业中的权力过分集中这一弊端。让每一个员工都体会到自己也是企业的主人，从而真正为企业的发展着想，绝对是一个优秀企业家的妙招。

权力与责任是一个问题的两个方面，将权力下放等于加强了员工的责任。有活力的组织一定是把权力和责任落实到各个岗位的每个人身上，特别是最底层的员工，而不是浮在高层，更不是集中在某个人的手中。

任何工作都是责任和权力的结合体。只有责任没有权力，是一项不完整的工作。它满足不了员工的需求动机。授权是使员工变得自信的最有效方法，在赋予员工工作的同时，赋予他们一定的权力，让他们按照自己的方式去做，这样，他们会觉得自己有力量、有能力，拥有自信，从而能释放心巨大的能量、激发出潜力，把工作完成得更完美。反之，当员工的工作仅有责任而无权力时，他们会感到自己不被赏识，对整个组织无足轻重，自然而然地会降低工作要求和目标，而且还容易自暴自弃、牢骚满腹。所以，想调动员工的工作热情，就应该给他们权力，不要让员工在无限的责任利零权限的夹缝中工作。在狭小的夹缝中，工作热情和自信是不可能注入员工心中的。

团队管理者只有把应该授出的权力授予员工，员工才会愿意为工作负责，才会具有把工作做好的动机。

1964年，劳勃·高尔文接替了父亲波尔·高尔文，成为摩托罗拉公司的董事长兼最高主管。他掌管公司以后实施“让员工分享权力与责任”制度，以维持员工的进取心，从而使得摩托罗拉公司的竞争力倍增，业务突飞猛进。

劳勃·高尔文之所以实施"让员工分享权力与责任"的制度，主要是深深感到有激发员工进取心的必要。他认为，公司愈大，员工愈渴望分享到公司的权力。在比较大一点的公司，每一个人显然希望能感觉到自己就是老板。因此，现在所做的，正是要把整个公司分成很多的独立作战的团队，因为只有这样，才能够使大部分员工都分享到高尔文家族所拥有的权力与责任。

劳勃·高尔文相信，一个人如果能操纵自己的命运，那么他一定会比较有进取心。所以，摩托罗拉将仍然继续不断地去创造一些适当的环境及计划，尽量让员工多参与跟自己有关的管理工作。

为了将"让员工分享权力与责任"真正落到实处，劳勃·高尔文将权力下放给所属各工厂、各部门。公司的一位高级员工说，摩托罗拉公司的管理原则是，把公司的各个部门当做相对独立的事业部门来处理。公司所属的每一工厂、每一部门都要有自己本身的研究及发展单位，并且有权来决定一切营销活动。

为了设法让员工分享权力与责任，劳勃·高尔文建立了一套明确的升迁制度。在摩托罗拉公司，只要员工在履行责任中创造性地工作，就能获得相应的权力。例如，当某一项研究工作有了一定眉目而需组织力量进一步突破时，公司就授予你全权，所授权力之大，一般相当于公司的高级主管，有的甚至于接近公司的总经理，被称之为"一人之下，万人之上"。难怪。人们赞叹说："摩托罗拉公司是技术本位者的晋升阶梯。"

在现代社会中，团队管理者管理工作的最佳体现，就是能够让每个员工像关心自己的事一样关心公司的事。这就要求管理者善用团队成员的智慧，让团队成员参与管理，使他们每一个人都成为决策者。

管理者如果无视员工的参与需要，固守着传统的管理模式，只会扩大员工与管理者之间的距离，挫伤员工的主观能动性，阻碍其能力的发挥。而让员工参与管理，能够有效培养员工的价值感和责任感。通过参与，每个员工都可以清楚了解到自己的重要价值，知道自己是企业整体中不可或缺的一员。

员工中蕴藏着无穷的智慧和力量，当他们意识到自身的重要性后，就能把这笔潜在的财富发挥出来，迸发出用之不竭的工作干劲，提高工作效率。

无论是采取何种参与方式，关键是让员工参与到企业的决策与管理中来，以满足员工更高层次的潜在需求，使其充分发挥自身的主动性，从而提升其执行效率。

善于授权

一个人去买鹦鹉，看到一只鹦鹉前面标着：此鹦鹉会两门语言，售价二百元。另一只鹦鹉前则标着：此鹦鹉会四门语言，售价四百元。该买哪只呢？两只都毛色光鲜，非常灵活可爱。这人转啊转，拿不定主意。结果突然发现一只老掉了牙的鹦鹉，羽毛颜色暗淡、散乱，标价八百元。这人赶紧将老板叫来："这只鹦鹉是不是会说八门语言？"店主说："不，它什么都不会。"这人奇怪了："那为什么又老又丑，又没有能力，会值这个价钱呢？"店主回答："因为另外两只叫这只鹦鹉老板。"

这故事告诉我们，真正的领导人，不一定自己能力有多强，只要懂信任、懂放权、懂珍惜，就能团结比自己更强的力量，从而提升自己的身价。相反，许多能力非常强的人却因为过于完美主义，事必躬亲，觉得什么人都不如自己，最后只能做最好的公关人员、销售代表，成不了优秀的领导人。

聪明的领导者总是善于通过授权，发挥下属的能动性。

1. 放权之后不再干涉

我们在日常的商业活动中，常会遇到这样的情况：与总经理在某个项目上初步达成一致后，他把具体负责人叫来，简单介绍完我们谈判的要点后说一句："其他的就由这位负责人和您一起决定"，就离开了。

上司只决定个大概，细节部分交给具体负责人处理，这是一个让下属发挥能力的机会，而且，他们对工作细节的了解也比上司多。

但是，有时当我们和具体负责人商讨的事情有所进展时，他们的上司又突然出面干涉。结果，一切都要等上司裁决后才能运作。虽然他口头上说要把权限交给下属，但事实上，决定权还是在他手上。

当然，负责人必须要做工作进度报告，并且要避免判断错误的发生，绝不可以为所欲为。相对的，为避免负责人在工作中有所疏忽，领导者也要做调查工作。

但常看到的则是，一些上司连工作细节也要干涉。

在这种上司手下做事的人，真的是很为难，对客户也不好交代。客户会认为：“如果是这样，为什么开始不先说清楚呢？”虽然有些客户会对负责人寄予同情，但大多数客户还是会认为：“今后什么事就直接跟他们上司谈，免得中途又变卦。”

在外人面前，上司和下属的意见分歧是有失礼节的。在生意场合，更容易被对方看出弱点。所以，作为上级事先要和具体负责人做好意见沟通，不能只一句“都交给你”就撒手不管了。一旦说出这句话，就要有绝不干涉的度量和勇气，否则就可能会让下属失去工作热情。如果是具体涉及与客户之间的生意往来，又会牵涉到公司的信用，因此更要特别小心。

如果没有“委托”的自信，之后又想干涉的话，那么最好整件事从头到尾都由自己决定。“委托”并不是件坏事，当自己决定将任务交给别人运作时，即使真有不满意的地方，也不能再随便发表意见。

2. 只需下达目标，不必布置细节

如果一位管理者，每次分派工作，从开始到结束，都事无巨细地要求得非常具体详细。比如布置会议室，放多少把椅子，买多少茶叶、水果，会标写多大的字，找谁写，用什么纸等都要一一过问。开始时员工也许能接受，可时间一长，大家就不太情愿了，感到他管得太细太严了。

其实，有很多事，只要向员工下达工作目标就可以了，不必布置细节。

如让员工推销一批商品，领导者只要告诉他销售定额和经济合同法的知识就可以了，没必要告诉他到哪家商店去，进门怎么说，出门怎么道别。叫下属编制一套管理软件，只提要求就可以了，没必要告诉他使用哪种语言、怎么编。管理到一定程度就可以了，过度的管理反而弄巧成拙。

首先，过度管理会妨碍员工积极性的发挥。本来解决问题的途径有10种，领导者的方法不见得是最好的，员工可能有一套好主意、好办法，但领导者早安排好了一切，员工也只有照办。员工失去了参与和发挥潜能的机会，势必挫伤积极性。时间一长，就会养成不动脑子、一切依赖领导者的“阿斗”作风。只有没有进取心的员工才欢迎这种领导者。一位心理学家说过：“对创造者来说，最好的刺激是自由——有权决定做什么和怎么做。”领导者越俎代庖无异于一把心锁，锁住了员工的想象力、创造力，锁住了员工的积极性。

其次，过度管理不利于培养、锻炼员工的实际工作能力。许多领导者不信任员工的能力，怕员工把事办糟了，像溺爱子女的父母，左叮咛，右嘱咐，这不利于员工成长锻炼和工作能力的提高。人不在大风大浪中摔打一番，是不会成熟提高的。一般来说，管理者的工作经验比较丰富，工作能力要比员工高。他们的原意虽然是希望使员工少走弯路，可员工没有付出代价，就感受不到通向成功道路上的荆棘坎坷，而没有这些感受，员工就可能成为没见过世面的“阿斗”。

3. 妨碍下属就是妨碍自己

一个无能的领导者，不仅不能对下属的工作起到推动的作用，而且会妨碍其下属的工作。在一个组织里，这样的领导者越多，效率肯定是越低。这类领导者只知道以妨碍别人的工作来显示自己的权威，来满足自己的虚荣心，而没有想到这样做正是在减少自己的工作业绩。

这种领导者做事独断专行，他们往往习惯对下属提出的意见一味否决。

“我没听说过这件事。”

“这件事现在不能提，因为总经理正在发火。”

“这件事如果我突然地报告总裁，他不会采纳的，而且还会责怪我胡乱请示，所以我不能接受你的建议。”

“这笔预算不能批，因为我说服不了他们。”

为了避免如此糟的局面，作为领导者一定要注意每隔一段时间，有意识地自我反省。看看自己是否经常妨碍下属的工作，是否应该多给他们一些支持和帮助。如果答案是肯定的，就应立即改变立场，切莫再固执己见。只有如此才能赢得下属的好评和信赖。

作为一个企业领导者要全力支持下属的工作，妨碍下属，就是妨碍自己。

4. 让智囊人员自己决定

美国通用汽车公司总经理斯隆，在聘请著名管理学家德鲁克任该公司管理顾问时，第一天上班就告诉他：“我不知道我们要你研究什么，要你写什么，也不知道该得出什么结果。这些都应该是你的任务。我唯一的要求就是希望你把认为正确的东西写下来，你不必顾虑我们的反应，也不必怕我们不同意，尤其重要的是，你不必为了使你的建议为我们接受而调和和折中。在我们的公司里，人人都会调合和折中，不必劳驾你，你当然也可以调和和折中，但你必须告诉我们‘正确’的是什么。”

斯隆总经理的这番话，说明了领导者发挥智囊人员作用的一个重要技巧，即企业领导者不应以任何形式把自己的主观意志强加给智囊人员，而应该积极地为他们创造一个独立进行工作的环境。咨询机构是一个相对独立的研究机构，它的活动是从客观事实出发，依据科学的论证和实验，得出符合实际的结论，它只尊重科学，服从真理，只对事实负责，对研究成果负责。因此，企业领导者必须尊重他们工作的独立性，不干涉他们的工作，让他们通过研究得出他们自己认为是科学的结论。领导者可以下达任务，提出研究课题，但不能画框子，定调子，束缚他们的手脚和思想。国内一些企业领导者往往缺乏这方面的技巧，他们总是喜欢把自己的一些指示、意见吩咐给智囊人员，更有甚者，管理者事先拿出一个主观的结论，然后让智囊团去找事实为他的结论做注脚，或引用“科学道理”来论证他的结论的正确性。这样做只能给智囊人员的工作造成障碍，这种自欺欺人的做法，也妨碍了管理者自己做出科学的决策。其实，只有让智囊人员独立地进行研究工作，他们才能提出有真知灼见的见解，否则，就失去了智囊人员应有的作用。

目前，很流行一种叫做头脑风暴法的会议形式，这种会议形式许多咨询机构经常采用。头脑风暴，原来的意思是指精神病患者精神错乱时的胡言乱语，这里转用它的意思为无拘无束、自由奔放地思考问题。头脑风暴会议提倡在非常融洽和轻松的气氛中进行，任何与会者的思想不受任何框框限制。主持者一般不发表意见，以免影响会议的自由空气。头脑风暴会议有四条原则：不互相批评；自由鸣放；欢迎提出大量的方案；要求善于给别人的意见提出方案。因此，其主要特点是通过互相启示找出解决方案。头脑风暴法为什么能够创造出真知灼见呢？原因就在于会议的发言者无拘无束，自由放任。这点应该可以启迪企业领导者，要想让智囊人员真正提出真知灼见，就必须放手让他们工作，不设任何条条框框。

变管理者为指导者

管理者要掌握指导的艺术。协调是管理者经常性的工作，要做到恰到好处，主要应做到变管理者为指导者。

谈到管理，多少年来根深蒂固地延续着下面这套传统：

（1）一般管理者是上司与员工之间的桥梁，负责上情下达、下情上传。

（2）组织如金字塔，有高层帅才做出决策，有中间将才负责计划及指挥，有基层员工执行。

（3）管理不外乎“胡萝卜加大棒”，强调领导统御与绩效的奖惩。

然而，这套传统做法已经面临着日益严重的挑战。越来越多的管理人发现，习惯使用的这套东西已经不灵验了。于是，经常大声感叹：现在的管理太难做了！

美国著名的企业家布莱德说：“要想在当今竞争如此激烈的工商界立足，

唯一的存活之道就是不断地求新、求变。”的确，传统的管理是要进行大刀阔斧地改革了。当然，我们对传统的东西不能一概否定，而应结合时代的需求和变化，在继承中创新，在扬弃中求变。

但也有不少人仍习惯于旧有的管理模式，认为传统的东西毕竟是经过了时间与实践的考验，即使其中有许多东西已不合时宜，但比起新的东西来，至少要保险得多。

对此，可以用一则笑话来说明。

有一个连被派赴前线，连长正与排长研究作战方案时，敌人已来。连长高声道：“等一等，待我们集合好部队，再正式开战。”敌人可不管这么多，扫了一排子弹之后，继续推进。又遇到正在待命的一班士兵，班长挥手高呼：“等一等，待连长决定作战方案，排长亲临指挥才能开战。”敌人又一阵扫射，轻易地歼灭了这个连。

这个笑话给我们的启示是：在竞争如此激烈的环境中，不能一成不变地谨守岗位，一味地墨守成规，只能是被对手消灭。

在当今的组织中，帅才、将才、干才趋于三位一体，上层的人要随时到基层参与活动；员工都是本岗位的老板，分担部分管理的计划与决策，每一分子单独运作时，自成一个完整的单兵作战体；结合在一起时，则成为理念、行动划一的坚实团队。

一位著名的企业管理人调任某公司经理时，有人对他说：“您具有杰出的领导和管理才能，如今用来整顿这个公司，必能收到很好的效果吧？”这位管理人立刻摆摆手，说：“千万不可这么说，本公司的制度运作已有相当水准，我只是协调和服务的管理人员。”

这句话可以让管理者们警醒，现代的“官”念应该由“命令统御”转向“协调服务”。

现代的管理者如果仍以为握有大权便能随便命令指挥，把下属压在下面，他必然要感叹“管理难做”了。

作为管理者，你必须首先转变观念：乐于与比自己能力强者相处，真诚为下属的未来考虑，找出每个人适合发展的方向；事事以身作则，付出诚挚，带领全体员工完成企业的使命。

激励是管理艺术的核心

如果说管理是一种艺术的话，那么激励就是这门艺术的核心了。企业最终的竞争力来自员工，在“以人为本”的经营时代，只有不断开发出新的激励模式，才能够保证企业在经营中不断创新，并把这种创新转化成新的竞争力，在残酷的竞争中后来居上，从优秀走向卓越。

激励是高效管理者的必修课。不懂得激励，企业就无法高效运行，一时的红火也是不过是昙花一现，根本经不住时间的考验。

小张是一家公司的业务人员，当小张刚来公司的时候，对自己的这份工作很感兴趣，凭借他的认真和努力，工作业绩在一步步提升。一年以后，小张对业务已经十分娴熟，各项工作得心应手。然而，小张却有了前所未有的疲倦感，这些工作对他已经没有了新鲜感和刺激。另外，在公司中还有很多比他更有资历的员工，小张觉得在公司中上升的空间很小。于是，小张想到了辞职。

小张的故事在每个公司中都可能发生。人事经理会对这种事情非常头疼。小张的离职虽然不会为公司造成致命的打击，但是重新招聘和培养新的业务人员会大幅度提高公司的人力资源成本。有些员工可能不会像小张那样去辞职，但工作的积极性却总是无法再提起来。

那么，如何改善这种状况呢？进行员工激励是最好的方法。

激励本来是一个心理学名词，所谓激励，就是激发人的动机的心理过程。将激励这个心理学的概念用于管理，目的是为了调动人的积极性和创造性，充分发挥人的主观能动作用。

员工激励是管理中的一个重要组成部分，也是高效管理的核心，它是根据激励的原理，采取具体的激励方法，来提高员工工作效率和员工生活质量的一种员工管理方式。

1. 激励的方法

“士为知己者死,女为悦己者容”。领导者应以恰当的方式激发下属的热情，使之心甘情愿地为你效劳，这是一门高超的用人艺术。

（1）工资激励。所有员工，都希望自己能从工作中获得满足。工资待遇是满足其生存需要的重要手段。有了工资收入，不仅感到生活有保障，而且还是社会地位、角色扮演和个人成就的象征，具有重要的心理意义。

工资收入对员工的激励作用，还取决于动机层次的高低，尤其是取决于一个人的成就动机。一般地说，低成就动机的员工比较容易为工资等物质激励所激动；而高层次动机的员工更关心的是他的工作岗位、环境能否提供心理满足。在这个前提下会出现两种情况：一种是如果工作岗位、环境和其心理需求相一致，则较少的工资也会接受；一种是如果工作岗位、环境无助于自我实现，他就会要求更高的工资待遇，来抵偿失去平衡的心理。所以，如果工作安排能使高成就动机的人感到在工作岗位、环境方面有更多的心理满足，他就会全力工作而不计较工资待遇；而低成就动机的人，他们的工作积极性则随工资待遇的增加而增长，一旦因为某种原因取消或降低了工资待遇，工作积极性就会随着下降。

工资激励必须贯彻绩效挂钩、奖勤罚懒的原则。工资水平与劳动成果挂钩，使升了级的人满足，升不了级的人服气。当然，工资激励在激发员工积极性方面的作用，还取决于该员工的经济背景。如果他已经拥有相当可观的存款和相当齐备的家庭设施，或是出生在相当富裕的家里，一般来说，工资对他的激励作用不会很大。

（2）奖金激励。奖金一般是超额劳动的报酬，设立奖金是为了激励人们超额劳动的积极性。在发挥奖金激励作用的实际操作中，应注意以下三点：①必须信守诺言，不能失信于员工。失信一次，会造成千百次重新激励的困难。

②不能搞平均主义。奖金激励一定要使工作表现最好的员工成为最满意的人，这样会使其他人明白奖金的实际意义。③使奖金的增长与企业的发展紧密相连，让员工体会到，只有企业兴旺发达，才有自己奖金的不断提高，而员工的这种认识会收到同舟共济的效果。

（3）工作激励。工作激励主要指工作的丰富化。工作丰富化所以能起到激励作用，是因为它可以使员工的潜能得到更大的发挥。工作丰富化的主要形式有：①在工作中扩展个人成就，增加表彰机会，加入更多必须负责任和具有挑战性的活动，提供个人晋升或成长的机会。②让员工执行更加有趣而困难的工作，这可让员工在做好日常工作的同时，学做更难做的工作。可以鼓励员工上夜校去提高自己的技能，从而能胜任更重要的工作。做更困难的工作，给了他展示本领的机会，这会增强他的才能，使他成为一个有价值的员工。如果一位员工在工作中不断得到发展，那么他往往是一位奋发、愉快的员工，其创造力、聪明才智会得到充分发挥。③给予真诚的表扬。当员工的工作完成得很出色时，要恰如其分地给予真诚的表扬，不要笼统地用“谢谢你做出了努力”这样的评语，而应具体、有针对性。“你管理你那帮人的方法真妙，我真不明白你怎么能让那帮人干得这么出色，接着好好干吧！”这将有助于满足员工受人尊重的需要，增加干好本职工作的自信心。

工作丰富化的目的，在于让人们对工作更感兴趣。最简单的做法是重新安排工作，使工作多样化。这可从两方面着手：一是垂直工作加重，二是水平工作加重。所谓垂直工作加重，主要指重新设计工作，给员工更多的自主权，更充实的责任感，更多的成就感。所谓水平工作加重，则是指将工作流程中的前后几个程序交给一个员工去完成，它可给员工更多的工作成绩回馈，更完整的工作整体感，充实的责任感，和对自我工作能力的肯定。

工作丰富化的激励，是为了满足员工高层次的需求。高层次需求的满足，会使员工充分发挥内在潜力，从而提高工作效率，使企业和个人都能得到满足。工作丰富化满足的是员工高层次的需要，而员工的实际需要又不仅仅是高层次的，因而这种激励有明显的局限性，它不能解决企业中的全部问题。一般地说，只有在员工普遍感到现实的工作环境不能发挥自己的能力时，才可有效地运用这一激励措施。

（4）支持激励。在企业的日常管理中，人们可以明显地感觉到，对一个员工来说，“我指示你怎样做”与“我支持你怎样去做”，两者的效果是不同的。一个好的企业管理者，应善于启发员工自己出主意、想办法，善于支持员工的创造性建议，善于集中员工的智慧，把员工头脑中蕴藏的聪明才智挖掘出来，使人人开动脑筋，勇于创造。

尊重下属。人人都有受人尊敬的需要。尊重下属，不仅表现在充分肯定其才能和待之以礼方面，关键在于尊重其意见，采纳其建议，使员工感到他们远远不止是机器上的一个齿轮，这有助于增强他们的自信心。

爱护下属。要爱护下属的进取精神和独特见解，爱护他们的积极性和创造性。

创造一种宽松的环境。比如信任员工，让他们参与管理。没有什么能比参与做出一项决定，更有助于满足人们对社交和受人尊重的需要。因此，出色的管理者，应让员工参与制定目标和标准，这样他们会更加努力工作，发挥出最大潜能。

（5）关怀激励。得到关心和爱护，是人的精神需要。它可沟通人们的心灵，增进人们的感情，激励人们奋发向上，挖掘人们的潜力。作为一个企业管理者，对全体员工应关怀备至，创造一个和睦、友爱、温馨的环境。雇员生活在团结友爱的集体里，相互关心、理解、尊重，会产生兴奋、愉快的感情，有利于开展工作。相反，如果员工生活在冷漠的环境里，就会产生孤独感和压抑感，情绪会低沉，积极性会受挫。

（6）竞争激励。人们总有一种在竞争中成为优胜者的心理。组织各种形式的竞争比赛，可以激发人们的热情。比如，各技术工种之间的操作表演赛，各种考察员工个人的技能、智能、专长的比赛，以及围绕员工的学习、工作等开展的各项竞争比赛。这些竞争比赛，对员工个体的发展有较大的激励作用，表现在两方面：能充分调动员工个体的积极性，克服依赖心理。由于竞争以个体为单位，胜负完全取决于自己的努力和聪明才智，没有产生依赖心理的条件，因此，能激励员工个人更加努力。能充分发挥员工个体的聪明才智，促使员工个体充分发展。员工在竞争过程中，要完成各种任务，克服各种困难，这就促使他们去努力学习、思考，千方百计地去提高和完善自己。

（7）强化激励。强化包括正强化和负强化两种方式。对于人们的某种行为给予肯定和奖赏，使这个行为得以巩固与保持，这叫正强化。对员工正确的行为，有成绩的工作，就应表扬和奖励，表扬与奖励就是正强化。相反，对一些行为给予否定和惩罚，使它减弱、消退，这叫负强化。

强化激励，可归纳为如下六十四字口诀：

奖罚有据，力戒平均；目标明确，小步渐进；标准合理，奖惩适度；投其所好，有的放矢；混合运用，奖励为主；趁热打铁，反馈及时；一视同仁，公允不偏；言而有信，诺比千金。

2. 你所激励的，最好是员工想要的

激励中的一个关键观念是：同一种激励并不一定对所有的员工都起作用。有人想要更多的钱，有人需要归属感并融入团队，也有人希望得到认可和尊重，还有人则寻求“自我实现”并实现他们的愿景。因此，企业管理者在设计激励项目时，最好能结合几种不同的激励方式以满足所有人的需要，看了下面的这篇寓言之后会有更为深刻的理解。

有一个聪明的猎人带着几只猎狗去森林中打猎。正巧碰见一只野鸡，猎人放出一只猎狗去追，可是追了很久也没追到。猎人见了，怒斥猎狗说：“你真没用，竟连一只小小的野鸡都跑不过。”猎狗垂头丧气地说：“你有所不知，并非我无能，只因为我和野鸡跑的目的完全不同，我仅仅是为了博得你欢喜而跑，但是野鸡是为了活命而跑啊。”

猎人一听，觉得猎狗说得很有道理，同时也提醒了他：“我要想得到更多的猎物，就必须想个办法，让猎狗也去为了自己的活命而奔跑。”思前想后，猎人召开猎狗大会，决定对猎狗实行论功行赏。他宣布：“在打猎中每抓到一只野鸡，就可以得到一根骨头的奖励，抓不到野鸡的就没有。年底考核，最后一名者被杀掉。”

这一方法果然管用，为了避免成为最后一名，猎狗们抓野鸡的

积极性大幅度提高了，每天捉到野鸡的数量也大大增加。可是，过了一段时间后，猎人发现猎狗们虽然每天捉到野鸡的数量都很多，但小野鸡数量越来越多。猎人想不明白，于是，他便去问猎狗："最近你们怎么老是净挑小野鸡抓？"

诚实的猎狗说："大野鸡跑得快，小野鸡跑得慢，小野鸡比大野鸡好抓多了。按您的规定，大的小的奖励都一样，那我们又何必费劲儿去抓大野鸡呢？"猎人一下恍然大悟，原来是自己奖励的办法需要改进啊！于是，他宣布，从此以后，奖励骨头的多少不再和捉到野鸡的数量挂钩，而是和捉到野鸡的重量挂钩。

这个方法一出台，猎狗们的积极性再次高涨，野鸡的数量和重量都大大超过了以往，猎人非常高兴。好景不长，遗憾的是一段时间过后，猎人发现新的问题又出现了，猎狗们捉野鸡的积极性在下降，越是有经验的猎狗就变得越没斗志。这是为什么呢？猎人又去追问猎狗。

猎狗对猎人说："主人啊，这些天我们就在琢磨，我们把最宝贵的青春都奉献给您了，可是等以后我们老了，抓不动野鸡了，您让我们吃饭吗？"猎人一听，拍着大腿说道："哦，原来它们需要养老保险啊！"于是，他进一步调整激励策略：每只猎狗每月规定任务，多于任务的野鸡可以储存在猎人为它们建立的账户上，等到将来跑不动了，可以从这些账户上取出积蓄的野鸡。这个政策让猎狗们再度意气风发。

但是一段时间之后，又一件意想不到的事情发生了：一些优秀的猎狗竟然逃离猎人的束缚，自己捉野鸡去了。这使猎人有些着急。他想，难道是奖赏的力度不够？于是，他把"优秀猎狗"的奖励标准提高了两倍。这一招收到了立竿见影的效果。但没过多长时间，离开猎人去捉野鸡的优秀猎狗却一下子增多了许多。

猎人无奈了，去问那些离开的猎狗们："你们为什么一定要离开我呢？我到底哪个地方做得不对？"猎狗们惭愧地对猎人说："主人，您什么都没做错，离开你是因为我们自己也有一个梦想，我们希望将来有一天也能像您一样成为大老板。”为了管理好剩下的猎狗，猎人成立了猎狗公司，给每个猎狗都分配有股份，每个猎狗都是老板。这一招十分灵验，从此以后，再也没有猎狗主动离开。

这个故事就说明了一个重要道理：员工的需求是不断增长的，企业必须满足员工不断增长的各种需要，抓住员工需求的特点，对其最强烈的需求进行激励，才能使员工产生最强的动机，这样才能有效地激励人才并且长久地留住人才，使企业在激烈的市场竞争中立于不败之地。

工作一定要落实到位

落实能成就个人的发展、团队的成功，落实也能成就常青的基业。

基业的发展与其在形成过程中每个人的落实、每个团队的落实是分不开的，个人的落实和团队的落实共同推动了基业的常青。

一个企业因为经营不善，濒临破产，无可奈何之下，聘请了一位外籍专家来管理。员工以为这位专家来后肯定要大刀阔斧地改革一番，可是出乎意料的是，这位专家来后却什么也不改。制度没变，人事没变，生产设备也没变。他只带来一种观念，就是把这个企业先前制定的制度坚定不移地贯彻落实下去。结果，不出一年，企业就实现了扭亏为盈。

这位外籍专家是靠什么绝招使企业起死回生的呢？落实，不折不扣地贯彻落实。企业想要保持长盛不衰，制度制定之后关键在于抓落实，要在工作实践中树立起落实的观念。

任何一项工作、任务的完成，都是抓落实的结果。没有落实，再完善的制度也是一纸空文，理想的目标不会实现，正确的政策也不会发挥其应有的作用。对于一个企业而言，战略目标固然重要，战略目标一旦确定，关键问题是要落实、落实、再落实。

落实不是用来说的，而是用来做的。制度是制定了，但是不是用端正的态度对待了呢？是不是真正地做到落实了呢？企业想要长久发展，有制度约束是十分重要的，但除了有完善的制度做保证，还要用端正的态度来对待。不折不扣地贯彻落实制度，才是保持基业常青的基石。

在如今竞争激烈的社会中，一个企业想要在本行业中长期占据统治地位是十分困难的。企业对客户的承诺就成为客户衡量企业的标准。企业承诺过的就要落实到，这表现出的就是诚信。几乎所有的企业都在喊诚信、讲落实，但真正为大家所认同的却寥若晨星。其原因就在于没有真正地做到落实，因而这样的企业也就无法保持常青。相反，把承诺当做企业生存的命脉，踏踏实实把承诺落到实处，才会得到社会的认可，从而也就不必担心基业会不稳固。

年产大苏打 4 万吨，产量列全国之冠；每年出口大苏打接近一万吨，占全国出口总量的一半以上，这是江滨化工二厂近年来所取得的骄人业绩。在这些成绩的背后，连接的是一个又一个讲诚信、求落实的故事。

企业改制以后，有人劝董事长陈广涛，现在不少私营企业逃税、避税现象很普遍，何不也在账面上作些技术处理，少反映一些销售、利润，这样对企业、对股东都实惠。陈广涛对此并不领情，他说："遵纪守法、按章纳税，是每一个企业和公民应尽的义务。再说，我们之所以有今天，离不开改革开放的好政策，离不开各级政府为我们营造的创业环境。"20 多年来，工厂从来没有拖欠过国家一分钱税款。相反，这几年，他们每年都拿出 20 多万元，用于村级道路建设、农网改造、扶贫济困等社会公益事业。

有一次，厂里为一日本客商生产 50 吨大苏打。接近交货期时，该厂发现其中有 5 吨产品外观达不到要求，虽不影响产品的使用，但董事长陈广涛还是果断地撤回了这批产品，并组织工人连夜加班重新生产，确保按时交货。由于该厂对产品质量的一丝不苟，从而赢得了广大客户的信赖，订单络绎不绝。

近年以来，由于国家严格控制新批大苏打生产企业，无形之中给江滨化工二厂带来了利好机遇，产品一直处于供不应求、带款提货状态。有人建议陈广涛趁此机会适当提一些价。当然，陈广涛也曾算过这笔账，如果每吨价格上浮 50 元，按全年 4 万吨产量计算，就是 200 万元呀！陈广涛在股东大会上说："如果这样做，对我们在座各位当然有好处，但企业几十年来所创立的声誉将受到影响。这难道是 200 万元就能弥补得了的吗？"

江滨化工二厂能够一直在同行业中保持领先，与他们一心一意求落实的积极态度是密不可分的。每年拿出资金落实到公益事业当中，赢得了群众的赞誉；保质保量落实客户的要求，获得了客户的好评；把实惠落实到实际当中，取得了社会的认可。一心一意地落实，就是企业长盛不衰的保证。

创业是一个艰苦的落实过程。每一份基业的创建，或多或少都会经历这样的艰辛，因而，保持基业的常青就显得更有意义。这样艰苦的落实过程都已经做到了，把落实坚持下来还会是很难的事吗？之所以有的基业能够常青，有的只是昙花一现，原因就在于此。

蜚声海内外的大型日用消费品生产及销售商——美国安利公司位于美国密歇根州亚达城。安利始于两位创办人杰·温安洛和理查·狄维士真诚合作的伙伴关系。他们都是荷兰移民者的后裔，从小一起长大，相同的成长经历和荷兰后裔的个性特质，为他们今后成为合作伙伴奠定了基础。

1959 年，年仅 30 余岁的杰·温安洛先生和理查·狄维士先生在家中的地下室迈出了安利事业的第一步。开业时，公司只有 5 名员工，办公面积仅 223 平方米，产品也只有一种多用途浓缩清洁剂，但这款产品却是当时市场上率先采用具生物降解性表面活性剂的清洁剂。

第一年，安利公司便创下了 50 万美元营业额的骄人业绩。经过一年的艰苦创业，两位创始人认为时机已经成熟，于是将公司搬到了亚达城一间废弃的加油站，与12名员工由此展开了建立安利基业的新历程。

安利自1959年创业至今，一直都以生产优质产品为宗旨。经过不断研究、探索及改良，畅销全球的安利产品均满足严格的品质要求，所有安利产品更附有品质满意保证。

1962年，安利在美国之外的首家分公司——加拿大分公司诞生，这是安利成长为跨国企业的开端。1971年5月，安利在北美以外的首家分公司在澳大利亚正式开业，这标志着安利已开始跻身国际跨国公司的行列。

20世纪90年代，安利公司由第一代领导人向第二代领导人的过渡顺利完成。在第二代领导人史提夫·温安洛先生和德·狄维士先生的共同执掌下，安利公司实现了长足发展，开启了新篇章。

安利公司从地下室发展到一家一流的跨国直销公司，坚持不懈地落实是企业常青的秘密之所在。他们坚持把追求落实到行动，把梦想落实到现实。就在这样不断的落实过程中，公司在不断地发展，基业也在不断地稳固。

人生中会有许多十字路口，在企业的发展过程中，同样会遇到许多艰难的抉择。这时候最好的选择办法就是落实，需要企业的领导者去落实选择。落实好了，企业就会迎来飞速发展的机会，基业常青；落实不好，企业就可能会从此失去发展的机会，一蹶不振。

迪斯尼公司在发展过程中，就是依靠大胆而且经常是冒险的惊人计划来刺激公司进步。

沃尔特·迪斯尼在1934年决定做一件电影业前所未有的事情：创造一部动画电影长片。迪斯尼在创作白雪公主这部片子上投入了公司的大部分资源，不顾把这件事称作“迪斯尼蠢行”的大多数电影从业人士的冷嘲热讽。毕竟，有谁愿意看卡通长电影呢？但最终的事实证明，这个选择是正确的。在经过几年出品了一连串动画电影长片，包括《木偶奇遇记》、《幻想曲》

和《小鹿班比》之后，迪斯尼又做出另一个冒险的决定，要做另一件“迪斯尼古怪的构想”，建造一个非常新颖的娱乐园区，即后来闻名于世的迪斯尼乐团。事实再次证明了沃尔特·迪斯尼的选择是明智的。

迪斯尼公司能够基业常青的原因就是大胆冒险去落实。当企业面临转折点的时候，也许这就是一个发展机遇，这时候就需要有大胆冒险的勇气去落实，这样才有可能会取得成功。假如没有这样落实的勇气，公司短时期内的发展也许不会受到影响，但是，也就不会有今天的迪斯尼。

在看到这些公司企业耀眼光辉的同时，你是否也感受到了他们为自己的基业所付出的艰辛呢？

基业发展蒸蒸日上，日益稳固的背后，是不折不扣地落实，一心一意地落实，坚持不懈地落实，大胆冒险地落实。

正是有了这样落实的决心和毅力，落实的态度和信念，才有今天的辉煌。

第九章　养成理财习惯

一定要做财务规划

绝大多数人都希望身体健康，也知道如何才会健康，但真正健康的人并不多，为什么？因为没有运动的决心，也不曾用心安排时间运动。这和累积财富是一样的。多数人都想致富，却不懂得理财，既无法克制花钱的欲望，也不肯花时间规划预算。因此，养成良好理财习惯是十分重要的。

有一位千万富翁，他在19岁就开始经营食品批发生意，连中学都没有毕业。也许你会问他以这么低的学历如何成为千万富翁，他一定回答：

"我做事一向有既定目标，制定非常明确的每日、每周、每月、每年及一生目标，甚至连上厕所都按部就班。"

目标明确是多数富翁的共同点。

哪些人没有目标呢？一种是高收入及继承财产的人，一种是目标多已达成的年迈富翁。下面是一位80岁富翁的说法：

来访者："请问你现在的目标是什么？"

富翁："我很久没钓鱼了！"

富翁戴好助听器后，采访者又重复一遍问题。

富翁："噢，你是说目标，我听成浮标，我想想看……目标……

我的目标大半都是达成了……年轻时的长程目标当然是累积足够的财富好退休享受人生，现在已经实现了……我拥有国际名声，我的焊接事业是全世界数一数二的。但我永远不退休，我现在目标是享受家庭生活与成功果实。”

这位富翁是年迈富翁的典型。大多数富翁都计划为后代预留教育基金，同时也希望现在及退休后能无忧地享受生活。但他们唯一共同之处就是他们很清楚要达到目标每年必须储蓄多少钱。

许多富人不花很多时间做财务规划，效果似乎也比别人高明得多，而且同时也在自己熟悉的领域做投资。这是很多百万富翁的共通点，精明地进行投资，这也是大多数成功的原因。譬如专精商业不动产的拍卖，当然最熟悉商业不动产市场，自己就可以担任投资顾问。假设你是古董家具与机械拍卖商，你会选择投资高科技股票吗？大概不会，比较可能的是运用相关知识做同领域的投资。

大多数人花在财务规划上的时间不及百万富翁。或许会有人说，富人投资经验本来就比较丰富，他们的确比一般人花更多心力让理财的能力更精进，这也是富人能保有财富的主要原因。

对理财要有足够的耐心

打拼了50年，致富成功的李嘉诚对成功的看法有独到的见解，他说：“在20岁前，事业上的成功百分之百是靠双手勤劳换来；20至30岁之间，事业已有些基础，那10年的成功，10%靠运气好，90%仍是由勤奋得来；30岁之后，机会的比率也渐渐提高；到现在，运气差不多要占三至四成了。”

理财致富也是如此：20岁以前，所有的钱都是靠双手勤劳换来。20至30岁之间是努力赚钱和存钱的时候，30岁以后，投资理财的重要性逐渐提高，到中年时赚的钱已经不重要，这时候反而是如何管钱比较重要。李嘉诚一生都在为他的财富奋斗，可见想要成为有钱人，就必须要有足够的耐心。

每个人都渴望轻轻松松地赚到第二个100万、1000万，达到财源滚滚的境界。问题是要赚第二个100万之前，要先有第一个100万。但是，怎样才能赚到第一个100万？若你想利用投资理财累积100万的话，则需要“时间”，必须要经历长时间的煎熬，熬过赚第一个100万的艰苦时期，自然能够享受赚第二个100万的轻松愉快。

绝大多数的富人，其巨大的财富，都是由小钱经过长期的时间逐渐累积起来的，初期大部分人所拥有的本钱都很少，甚至微不足道。然而成功就是由一连串的小成就所积而成，大财富是由小财富的累积，再加上复利作用而成的。

可见，耐心是理财的必备条件，能有耐心熬过长期的等待时间，创造财富的力量就越来越大，这就是“复利”的特色。然而今天我们身处事事求快的“速食”：事事强调速度与效率，吃饭上速食餐厅、寄信用快递、开车上高速公路、洗照片到快速冲洗店、学东西上速成班。人们也随之变得越来越急功近利，没有耐性，在投资理财上，也因而显得急躁而缺乏耐心，想要马上见到成果。当然在其他事务上求快，或许较有效率，但投资理财却快不得，时间是理财的必要条件，越求快越达不到目的。根据观察，一般投资人常犯的毛病是“半途而废”，遇上“空头”时期很容易灰心，干脆卖掉股票、房地产，完全离开股市、房市，殊不知缺乏耐心与毅力，是难有成就的根本原因。

理财一个很重要的条件是时间，如果对它没有正确的认识，自然会产生急躁的现象，一急躁就会冒极大的风险，原本可以成功，也会因急躁而失败。

无论财富的累积也好，经验的积累也好，都不是一朝一夕所能完成，必须用时间去换取。幸好“老天爷”在这一点，倒是非常公平。无论出身贫富、贵贱，大家都一样，一天只有24小时，一年均是365天。时间是人生最大的财富，而一生的荣辱、贵贱、贫富、苦乐，就看每个人如何运用这笔财富。

投资理财可以安稳致富，但需要较长的时间。若想快速致富，唯有铤而走险，采取超高风险的投机或赌博手段。然而，投机或赌博的最后结果必然只有一个：一败涂地，区别只是时间而已。

小朋友都爱看灰姑娘的故事，大人们爱看一夕致富的神话：因为一个不起眼的女孩，能够顿时飞上枝头变凤凰；一位遭遇平凡的人，能够因为某个机会，立刻赚得大钱，多么振奋人心，多么引人入胜！因此，拍电影、写小说为求戏剧效果、吸引观众，必须被迫放弃冗长无聊的细节，而将一个白手起家的富人或一家成功的企业，全归功于一两次重大的突破，把一切的成就全归功于少数几次的侥幸。戏剧手法将漫长的财富累积过程完全忽略了。但是，小说归小说、电影归电影，现实生活中不可能有那么肤浅而富戏剧化的事情。

投资理财能够缓慢而稳健地致富，但是用小钱投资，而想在短时间内赚取亿万的财富是不可能的。试想，母亲可否不经历怀胎十月而生出婴儿？农夫可否缩短稻苗成长的时日？

财富的增长与生命的成长一样，均是点点滴滴、日日月月、岁岁年年在复利的作用下形成的，不可能一步登天而快速成长的。这是自然界的定律，上天从不改变其自然法则。

多少投资人在一夕间赚大钱，也在一夕间破产，其成功是由于侥幸，其失败在于“可能侥幸一时，但不可能经常侥幸”。任何一夕致富的投资机会，必定潜藏着更高的一夕致贫的风险。

只要耐得住性子，将钱投资在正确的标的上，不需要操作也不需要操心，自然会引领财富的成长，成为百万富翁。对投资理财而言，欲速则不达。

花钱要有计划

常常听朋友说，今天又买了一件衣服，或者又买了一套化妆品，但是她接下来的那句话通常是：“我没有钱交房租了，你能否借我点儿钱，让我交房租？”这就是“新贫一族”的生活写照。

生活中，也许你也会遇到这样的人，他们收入水平不是很高，但从来不知道该如何处理财务问题，改变不了大把花钱的习惯，总是入不敷出。对于收入不算太低的他们而言，这样的生活困境似乎不应该发生，即使是赚得不多，按照正常的花费来计算生活也应该可以过得很舒适才对，而生活过成这样，究其原因就是因为他们总是把金钱花在不应该花的地方，有时候是属于“重复建设”；有时候是用有限的钱买了没有实际意义的东西。对于他们而言，生活没有计划，尽管他们有能力过得轻松一点儿，但最后却失败了。

布莱特·麦克蒂格是华尔街成功的基金管理人，他接触了大量投资人与生意人之后，发现太多的人抱着错误的理财观念。他总结了十几年来的工作经验与心得，仔细分析了那些在金钱游戏中摸爬滚打的经纪人与投资者所犯下的种种错误，找出投资老手亦不能幸免的投资盲点，并对五百多位最初一无所有、但最终积累了成百上千万财富的投资人进行调查，分析他们的致富之道他发现，一个人富有的程度取决于他的支出，而非他的收入。麦克蒂格建议，为了找出各种可能省钱的方法，你必须追踪所有支出的去处。其次，逐笔记账的用意在于找出与收入不成比例的支出。在众多的支出项目中，某些支出即使大幅削减也不致影响原有的生活品质。也就是说，生活简单、赚多花少，才能达到致富的目的。让自己有一种控制花钱的定力，并把省下的钱转为投资，才会致富。

有人也许会问：“为什么百万富翁还使用优惠券呢？这样做不过每天能节省几十块钱而已，一生又能够节省多少？”但是，我们不妨来看一下他们的节约会给自己带来多大的财富。在美国，典型的富裕家庭每周在食物和家庭生活用品上的支出超过二百美元，每年超过一万美元。在成年人的一生中，这个数字大约在四十万至六十万美元之间。但是，如果将这个数字削减百分之五十，即减至二十万至三十万美元，并将这些钱投资于一个位居前几位的股票基金中，根据过去几年的收益率，他们所赚到的钱就将超过五十万美元。

因此，节约对于他们而言是一种绝好的致富渠道。

从长远看来，节约并正确地投资会给任何人带来更大的收益，而且还有利于人们养成良好的生活习惯，所以，节约是一件好事。

节俭是一种好品质

“吝啬在有的时候和节约一样是一种优秀的品质。”

一个人若想获得财富，先得具有克制欲望的力量。经营一切事业的资本，都有赖于往日的积蓄。

一般人往往把节俭和吝啬看做是一对孪生儿，这真是一个很大的错误。其实，“节俭”的意义是：当用则用，当省则省，换句话说，就是省用得当。而“吝啬”的意义却是当用不用，不该省的也要省。

英国大文豪罗斯金说过，一般说来，“节俭”两个字的解释，似乎是“省钱的方法”，其实不对，应该解释为“用钱的方法”。也就是说，我们应该怎样去购置必要的家具，怎样把钱花在必不可省的地方，怎样开销衣、食、住、行、育、乐……总之，把钱用得清清楚楚，才是真正的节俭。

节俭不仅是财富的基石，也是许多优秀品质的根本。节俭可以提升人的品性，它对人的其他能力的培养也大有裨益。节俭在许多方面都是卓越不凡的标志。节俭的习惯可以表明一个人的自我控制能力，同时也可表明一个人不是其欲望和弱点的牺牲品，他能够支配自己的金钱，主宰自己的命运。

节俭还是事业成功的一个重要因素。天性节俭的人其成功机会往往较条件相同者要多。他们懂得通过节俭减少开支，降低成本，从而赚取更多的利润。他们懂得节俭虽少，但因此可以赚取大的利润。

有一位青年在美国某石油公司工作，他所做的工作连小孩都能胜任，就是巡视并确认石油罐盖有没有自动焊接好。石油罐在输送带上移动至旋转台上，焊接剂便自动滴下，沿着盖子回转一周，作业就算结束。

他每天如此，反复好几百次地注视着这种作业，枯燥无味，厌烦极了。他想创业，可又无其他本事。他发现罐子旋转一次，焊接剂滴落 39 滴，焊接工作便结束了。他想，在这一连串的工作中，有没有什么可以改善的地方呢？一天，他突然想道：如果能将焊接剂减少一两滴，是不是能节省点成本？于是，他经过一番研究，终于研制出“37 滴型”焊接机。

但是，利用这种机器焊接出来的石油罐，偶尔会漏油，并不理想。但他不灰心，又研制出“38 滴型”焊接机。这次的发明非常完美，公司对他的评价很高。不久便生产出这种机器，改用新的焊接方式。虽然节省的只是一滴焊接剂，但“一滴”却给公司带来了每年 5 亿美元的新利润。

这位青年，就是后来掌握全美石油业 95% 实权的石油大王——约翰·洛克菲勒。

“紧紧地看住你的钱包，不要让你的金钱随意地出去，不要怕别人说你吝啬。当你的钱每花出去一分要有两分钱的利润的时候，才可以花出去。”洛克菲勒是这个信条虔诚的遵守者，节约在他的一生中都是很明显的。

洛克菲勒虽拥有巨额财富，但他始终保持锱铢必较的理财态度。他的各种花费开支都要记录，就连三分钱邮票也不漏记。因此，他的记账本从不离身。人们发现，他的每本账都记得清清楚楚，一目了然。正是这一“绝招”，令他在经营石油公司时，总是能准确无误地掌握成本与开支、销售与利润等数据。

他平时花钱也十分节俭。有一次，他下班想搭公车回家，缺一毛零钱，就向他秘书借，并说：“你一定要提醒我还，免得我忘了。”

秘书说：“请别介意，一毛钱算不了什么。”洛克菲勒听了正色说：“你怎能说算不了什么，把一块钱存在银行里，要整整两年才有一毛钱的利息啊！”

洛克菲勒习惯到一家熟识的餐厅用餐，餐后，给服务生一毛五分钱的小费。有一天，不知何故，他只给了五分。

服务生不禁埋怨说：“如果我像你那么有钱的话，我绝不吝惜那一毛钱。”

洛克菲勒笑了笑说：“这就是你为何一辈子当服务生的缘故。”

洛克菲勒享有 98 岁高寿，他一生至少赚进了 10 亿美元，而捐出的就有7.5亿美元。

无独有偶，韩国巨富、现代集团创办人郑周永虽腰缠万贯，但却异常节俭简朴。

郑周永在创业时曾以“喝咖啡浪费外汇”为由告诫部下要勤俭节约。20世纪80年代初，为了省下更换鞋底的费用，他给自己的鞋底钉上铁掌。至今，他仍穿着20世纪70年代穿过的工作服，家中的电视机还是1988年生产的17英寸电视机。

人们都知道“积少成多，万涓成水”的道理，可是没有几个人能做到，有位经济学家说：“你省下来的一块钱，大于你赚进的一块钱。”

善于用精确的数字来描述生活中的每个细节

有些人总是用精确的数字来描述生活中的每个细节。例如大部分人在描述天气的时候一般说“今天很冷”、“今天比昨天冷”等。这类语言概念都比较模糊，而犹太人则总是习惯于把冷热程度用准确的数字来表示，如“今天37℃”，“今天38℃”。

钟爱数字，使用数字，这是有钱人从几千年生涯中总结出来的经验。成功的商人必须注重数字。正是因为有钱人重视数字，因此他们无论在生活还是商业中，都可以将数字运用自如。

经过漫长的岁月检验，很多人明白了数字带来的各种方便和好处。他们根据前辈对数字的研究经验，使得枯燥的数字变得生动起来。虽然成功的商人并不一定个个都从事金融商业，但是即使在各个行业，他们也多以资产和金融管理见长，而不是以技术业务为长。许多有钱人都是通过法律、财务和投资银行的途径，走入社会的上层。

人们普遍认为，有钱人对于摆弄数字要比解决生产性技术问题更加在行。这句话应该说非常有道理，至少在那个掌握着大批采矿企业却分不清坑矿和一般矿的世界钻石行业巨头巴纳·巴特纳身上是这样。

巴纳·巴特纳是一个旧服装商的儿子，小时候就读于一所主要由罗斯柴尔德家族捐助、专为穷人建立的免费学校。他最初的理想是当一名演员，但有关在南非容易致富的传闻，使得他改变了主意。于是，他离开伦敦来到了南非。

短短12年的时间，巴纳·巴特纳就成了一个富有的钻石商人和从事矿业资源买卖的经纪人。他不是坐在城里等着找矿者送上门来，而是步行或骑马到矿工处转悠，寻找便宜货，并立即买下一些别人出售的矿区。当这种生意进行得不顺利时，他就转做其他生意。1976年，他以自己的全部财产300英镑，买下了毗邻他原有矿区的一些小矿区，这些矿区经过疯狂开采，一周可以获得20克拉的钻石和2000英镑的利润，这样他就成为了有钱人。

巴特纳的整个实业生涯非常典型地反映了一些特点。他一开始对矿业一无所知，最后也知之不多，对于他自己组织的公司和银行如何经营，他也从来没有把握，完全交给他的两个侄子。但他在摆弄数字和决定投资方向方面，却有一种公认的天赋，一种类似于本能的直觉。

有钱人并不都是那些懂得很多的人，他们甚至对自己所在的行业知之甚少。但是他们却可以用自己的方式去判断这个行业的投资价值，他们可以通过报告甚至新闻里的数字，从而做出决断。

虽然不是懂得具体，但是他们总是能够抓住方向，可以通过一些简单的数据谋算未来，这就是他们的长处，他们能够凭借这种能力，赤手空拳地闯入陌生的行业，并在最短的时间内找到自己的赢利点。

不管在商场还是在生活中，精于数字的人绝对不允许模棱两可、马马虎虎。特别是在与金钱有关的活动中，他们常常非常仔细，对于利润的一分一厘，他们都计算得非常清楚。这也许和很多人想象得不太一样，但是实际情况就是这样。

有钱人认为，毫无计划地花费，就等于让每个人——包括水果小贩、肉贩、酒店老板、衣服小贩等人来分享自己的收入。

一个旅行者的汽车在一个偏僻的小村庄抛锚了，他自己修不好，有村民建议旅行者找村里的白铁匠看看。白铁匠是个犹太人，他打开发动机扩盖，朝里面看一眼，用小榔头朝发动机敲了一下：汽车开动了。

“费用一共是 20 元。”铁匠不动声色地说。

“这么贵？”旅行者惊讶至极。

“敲一下，1 元，知道敲到哪儿，19 元，合计 20 元。”铁匠回答。

旅行者听完之后，感觉有理，觉得这个犹太人非常精明。

有钱人总是能在钱的问题上做出迅速的判断，这使他们在谈判中镇定自如，步步逼近，直至大获全胜。并在商场上游刃有余、坦然从容。

成功商人精于计较，他们懂得精打细算，从不把钱存在银行生利息。因为把钱存入银行，年息最多不超过 10%；而把钱投资在有潜力的项目上，如果对市场走势观察分析准确的话，每次周转赢利不少于 30%，一年滚动周转 4 次，所得到的利润超过 100%。在 18 世纪中期以前，有钱人热衷于房贷业务，就是把自己的钱放贷出去，从中赚取高利。到了 19 世纪后，犹太人宁愿把自己的钱用于高回报率的投资或者买卖，也不肯把钱存入银行。

对于有钱人来说，精于计算，是为了更好地利用财富。他们不像大多数人一样，羞于“斤斤计较”。他们认为，应该赚取的利润绝对不应该放手。他们既要计较得清，又能迅速地计算出结果，这是有钱人的聪明之处，也是他们善于成功的诀窍之一。

记下每笔钱的用途

洛克菲勒家族的创业者老洛克菲勒于19世纪70年代成为石油大王。洛克菲勒家族之所以能在美国保持自己家族的地位近一个世纪，正在于老洛克菲勒有一群成功延续和扩展家族事业的子孙。老洛克菲勒的孙子戴维·洛克菲勒是一位银行家，他的消费习惯是小时候培养出来的。

1915年，戴维·洛克菲勒出生在声名显赫的洛克菲勒家族，他的父亲是小约翰·洛克菲勒。在他出生之前，已经有1个姐姐和4个哥哥降临到这个富有的家庭，戴维·洛克菲勒在兄弟姐妹中是最小的。当戴维·洛克菲勒还是三四岁的幼童时，恰逢第一次世界大战期间。美国参战后，国内物资供应异常紧张。母亲参加了红十字会组织的支前活动，为前方做绷带。戴维·洛克菲勒和他的几个哥哥在母亲的影响下也参加到这一活动中来。

尽管洛克菲勒家族是美国最富有的家族，但是战争也使戴维·洛克菲勒体验到了当时生活的艰辛。他清楚地记得当年在厨房里并排放着6只玻璃杯子，最边上的那只杯子贴着一张字条，上面写着“戴维·洛克菲勒”。这只杯子里装的便是他一周的定量配给糖。当时正处于战时经济时期，食用糖供应采用配给制。有一次，戴维·洛克菲勒的杯子在星期五的时候就空空如也了。他找到母亲撒着娇说：“妈妈，我杯子里的糖没有了，我还能再要一点吗？”

戴维·洛克菲勒的母亲慈祥而又严厉地说：“对不起，孩子，现在每个人每周用的糖都是受到限制的。你既然吃完了本周的糖，那只好等到下星期再给你发了。记住了，那杯子里面的糖是你一周的食用量，以后可别再提前用完这个限量。不过，你喝咖啡的时候，可以从你的哥哥姐姐们那儿借一点。”

洛克菲勒家族在美国是首富，但是他们家族中没有一个人挥金如土。戴维·洛克菲勒的祖父老洛克菲勒在他年轻的时候就开始记录个人收支账目，每一分钱都要在这个账目上写出用途和支出的时间，每一笔开支都必须有正当而可靠的理由。老洛克菲勒在临死时将这一传统传给了儿子小约翰·洛克菲勒。小约翰·洛克菲勒继承了父亲的光荣传统，又把它像接力棒一样传了下去。

在戴维·洛克菲勒的记忆里清楚地记着一件难忘的往事，在他7岁的时候，小约翰·洛克菲勒把他叫到自己的房间里，意味深长地说："戴维，从现在开始你可以每周获得30美分的零用钱，我想听听你打算如何处置这30美分。"

戴维·洛克菲勒高兴地回答："爸爸，我想您会同意我花10美分去买我最喜爱的巧克力。另外,我要和哥哥们一样拥有一个储钱罐，我每周节省10美分存进去。剩下的10美分我做机动处置，如果到星期六还没有花出去的话，我可以考虑在做礼拜之前捐给教堂。"

"对你的处理我十分满意，可爱的孩子，不过，我还有一个小小的要求，那就是每周你来拿零花钱时必须附带一个小本子，你必须在本子上记下上周每笔钱的用途和支出的时间。"

"爸爸，有这个必要吗？"戴维·洛克菲勒不解地问道，"您说过这是我的零花钱，我有权自由支配的啊！"

"当然有必要，这是你祖父创立的传统，洛克菲勒家族的每一个孩子都要这样做。你在每天晚上睡觉之前，都要记下花钱的原因和数目，并给这笔开销的必要性作一个合情合理的解释。这里面有一点我想有必要提醒你一下，所有的记录必须要真实，你知道诚实是最宝贵的。"

"爸爸，我记住了。"

"我每周在发给你零花钱之前，都要检查你的花钱记录本。如果你的记录令我满意的话，你会得到一点小小的奖赏，那就是在30美分之外再加上5美分；要是记得模糊不清的话，相应地要将30美分减为25美分。"

戴维·洛克菲勒少年时所受的"账目训练"使他在以后的职业生涯中受益匪浅。戴维通过对每笔账目的记录，逐渐明白哪些钱是该花的，哪些钱是不该花的。这种方法也使他从小养成了节约、勤俭的良好习惯，同时也锻炼了自己的计算能力。

俗话说："你不理财，财不理你。"记下每笔钱的用途，清楚地知道哪些钱该花，哪些钱不该花，怎么花，如何花？看似简单琐碎的小事，必将积少成多，为你将来的事业打下坚实的基础。

适当降低生活水准

沃伦·巴菲特曾经对媒体说："如果你想享受更长的寿命，并在你的晚年有闲钱花、生活无忧、自由自在的话，那么你的生活水平就应该定得比你想要的水平低。"这是一种生活态度，也是一种财富的智慧。

财富对于每个人的意义不言而喻，占有、享受，并为生活中拥有的必需品感到满足，这是每一个人都有可能做到的。但是，只有控制自己的欲望，并且做一个比较会挑选的人，才有可能在不改变现有生活条件，依然享受现有的生活乐趣的情况下，把你的支出减少 10%、20%，甚至 30%之多。

我们都有这样的经历，很多时候买了根本就不需要的东西。有些人拥有几处房产，有些人正在购买多处房产，但是他们实际上并不需要这么多房子。为此，他们需要更辛苦地工作，付出更多的精力财物。

同样地，很少人注意到应该在东西最便宜的季节里购买东西。每年总有那么一天、一周或者一段时间里，某一样东西的价格会降到最低。几乎所有的东西都是应季的，因此，供应量最多、需求量最少的季节就是购买物品的最佳时机，然而大多数人却做不到这一点。

在中西部一个城镇里的一个商人透露说，在他的商店里卖出的家具，几乎有一半是以低于成本价卖出去的。但同时，他也说，从一些柳条编织的家具上他获得的利润是相当可观的。"很多人都喜欢在阳台、走廊或避暑庄园里摆放这种家具，因而它的需求量比较大。

大多数人集中在春天里一段大约两周长的时间内买这种家具，他们意识到他们有这种需要，其实他们大可以在其他任何时间内购买，比如说他们现在就能买一些以备明年春天使用。这样，在未来几个月的采购中，他们就可以省下25%甚至更多的钱。”

人类是一种遵守习惯的生物，习惯一旦养成就很难改掉。但是，一个愿意为奢侈品挥霍的人，的确会比那些整天看着奢侈品无动于衷的人来得快乐些。

如果连生活中的必需品我们都能够酌情删减的话，那么要减去其他更多的东西就更不成问题了。在这样做几周之后，当你发现自己攒的钱比过去多得多的时候，该是多么的高兴啊！至少，这件事值得一试。

把自己的生活水准降到你想要的水准之下，这样三个月过后，你必然会想你早些为什么不这样做，至少这会让你养成节约用钱的好习惯。没有人会嫌钱节约得太多，因为你每省一元钱，这钱就立即存入银行，进入流通，然后其他人就可用这钱，从而发挥钱的作用，但是这钱的所有权依然属于你。

节约每一分钱

每位成功的富翁，都是理财的高手，同时也是节俭的专家。节俭，是一种美德，美德能够创造精神财富。它会成为塑造人的无形力量，使你富了之后不至于成为一个没有意义的暴发户或者守财奴。你会发现，节俭是世界富豪们的习惯。

在一次新闻发布会上，大家发现坐在前排的美国传媒巨头美国广播公司副总裁麦卡锡突然钻到了桌子底下。不一会儿，在大家目瞪口呆中，他从桌下钻出来，扬扬手中的雪茄，平静地说：“对不起，我的雪茄掉到桌子底下了，母亲告诉过我，应该爱惜自己的每一分钱。”

比尔·盖茨感受最深刻的一点是，微软的员工都非常懂得节俭。因此，一些人称这是微软的“饥饿哲学”。比尔·盖茨告诉他的员工：“我们赚的每一分钱都来之不易，是我们的血汗钱，所以不应该乱花，应该花在刀刃上。”

从微软创业时起，比尔·盖茨就非常注重节俭。一次，兼任微软总裁的魏兰德将自己的办公室装饰得非常气派，比尔·盖茨看到后非常生气，认为魏兰德把钱花在这上面是完全没有必要的。他对魏兰德说，微软还处在创业时期，如果形成这种浪费的作风，不利于微软的进一步发展。

即使在微软开始成为业界营业额最高的公司时，比尔·盖茨的这种作风也没有改变。1987 年，一次，他在一家饭店约见客人，助理为他在该饭店订了一间非常豪华的房间。比尔·盖茨一进门便惊呆了，一间大卧室、两间休息室、一间厨房，还有一间特大的、用于接见客人的会客厅。比尔·盖茨简直气蒙了，禁不住骂道：“是哪个混账东西干的好事？”

这其实就是富人之所以富的一个原因。节俭，不花无谓的钱，才能创造更多的财富。

重视钱财、爱惜钱财就是爱惜劳动，这会使你的精神更加充实，精神财富更加饱满。

珍惜每一分劳动成果，从来就是劳动人民的美德。成功往往就是从珍惜每一分劳动成果开始的。

两个年轻人一起去找工作，一个是英国人，一个是犹太人。

一枚硬币躺在地上，英国青年看也不看地径自走了过去，犹太青年却激动地将它捡起，如获至宝。

英国青年对犹太青年的举动鄙夷不已：一枚硬币也捡，真没出息！真可怜！

犹太青年望着远去的英国青年的背影心生感慨：让钱白白地从

身边溜走，真没出息！真可怜！

两个人同时进了一家公司。公司很小，工作很累，工资也很低，英国青年不屑一顾地走了，而犹太青年却高高兴兴地留了下来。

两年后，两人在街上相遇，犹太青年已经成了老板，而英国青年还在苦苦地努力找工作。英国青年对此非常不理解，认为命运真不公平，他说："像你这么没出息的人怎么能这么快就发财了？"犹太青年说："因为我没有像你那样绅士般地从一枚硬币上迈过去。你连一枚硬币都不要，怎么会发大财呢？"

英国青年并非不要钱，只是，他的眼睛盯着的是大钱而不是小钱，所以他的钱总在明天。他不知道明天是今天这个妈妈生出来的，他也不知道大钱是小钱这个妈妈生出来的。这是一个"靠钱来赚钱"的时代，这是一个"让钱来为你工作"的时代，没有"钱爸爸"、"钱妈妈"，哪会有大量的"钱宝宝"啊！

个人的成功如此，企业的发展也是一样。

有个公司的环境特别优美，人人都很努力上进，休息的时候有专门的休息室，那里有很多的饮品供大家享用，但是奇怪的是每个员工都很自觉地喝着纯净水，从来不去沾那些饮料。一位员工解释："那些饮品都是给顾客准备的，虽然我们也可以饮用，但是在有饮用水的时候为什么要浪费那些给顾客准备的东西呢？我们每天在这上面的节约是很大的，一年下来公司可以换购很多东西，并且不会因为顾客来了没有水而尴尬。我们公司的人从来不会浪费一点东西，因为这点，老板也愿意给我们多发奖金。"

对一个大企业来说，一点儿饮品真的不算什么，但是这是一种文化，一种习惯。大家养成了一种有效利用资源的好习惯，不会浪费东西，从而为整个公司节约下大量的物资。

就像人吃饭的时候一样，不怕你吃得多，就怕你什么都碰一点，吃不完又丢掉，让人看着心疼却又无可奈何。资源是有限的，要学会节约，要重视小小的一分一毫。

节约，就好像是一场没有硝烟的战争。你是将军，每一分钱都是绝对受你调遣的“战士”，如果你没有将军般的才能，那你的“战士”就会白白地去“牺牲”。让每一分钱都充分体现出它的价值的将军，才是一个好将军。

追求成本最小化

一个新开办的企业、一个新创立的品牌，之所以容易失败，其中一个重要的原因是这个企业没有一个较好的办法来减少投入。不明白成本的构成是导致企业亏损的一个最重要的原因。

在一个比较繁华的地段有一家书店，运行了半年后以关门而告终。换成了一家水果店，三个月以后又关门了。直到换成一家饭馆，生意才红火起来。

这种事情非常多。表面上看这纯粹是运气成分导致的，实际上可以通过分析得出一些基本结论以避免这种类型的亏损。

对于水果店和书店这种没有太多变数的行业来讲，直接成本是很显然的，是否能够不赔钱将取决于直接产出的多少。根据这个成本可以计算要达到盈亏平衡点的日销售量，如果能够大于这个销售量就可以赚钱，否则只能亏损。为了搞清楚这一点，最简单的办法就是去观察一个规模类似的正在经营的书店，看它在不同的时间段内可以卖出去多少书，答案自然就有了。

在实际的商业世界中，这样做的人都发了财。大部分人都没有这样做，所以亏本总是会出现。

“浪费”是赚钱的夙敌。如果一面赚钱一面浪费的话，就像把水倒入竹篮中一样，钱财会一一流失。

当经济困难时，就要极力地控制支出，这就是节流。每个人在拮据时，都懂得节流之道，但是，富裕时却忘了这项美德，任意挥霍。

节省的每一分钱都是地地道道的纯利润，假如纯利润率是10%的话，你节省1元钱，就相当于多挣10元。

通过压缩你的费用来增加你的利润额这还不是最关键的，最关键的是压缩你的费用直接增加你的利润额，会导致你的资金的良性循环。从另一个更为重大的方面来讲，如果你不善于控制成本，或者如果你没有强烈的成本意识，那么你不是做生意的料。

美国航空公司是美国最大也是最赚钱的航空公司之一。美航的成功，归因于它的执行长官罗伯·柯南道尔所采取的一系列策略，其中包括开发出产业中的最佳信息系统、有效的营销策略（例如经常搭机旅客里程优惠方案）、高品质的顾客服务，以及追求将成本降到最低的热情。

美航想尽办法节省成本，包括更换现代化、短程而且更省油的飞机；发展轴辐式的路线结构以减少间接成本；增加每班机的座位密度，通过劳动契约和双层工资结构减少劳工成本，以及削减燃油与其他非劳工的直接成本。

除了代表美航标志的红、白、蓝条纹外，美航飞机不加任何油漆，这项策略降低了油漆和燃油的成本。一架不上漆的飞机大约轻了4000磅，因此每年每架飞机的燃油大约可以省下1.2万美元。

20世纪80年代中期，美航把每架飞机的内部重量至少减轻了1500磅，而重量之所以能够减轻，是因为装上了较轻的座椅；把金属推车改换成强化塑钢；换用较小的枕头和毛毯；在头等舱中使用轻型器皿，以及重新设计服务空厨。这些改变使美航的每架飞机每年至少省2.2万美元。

柯南道尔在追求成本最小化的过程中，注意到许多细节。有一次，柯南道尔在美航班机上，把未吃完的剩菜倒入了一个塑料袋，交给机上负责餐饮的主管，下令“缩减晚餐沙拉的分量！”。缩减之后他还不满意，又下令拿掉每位旅客的沙拉中的一粒黑橄榄。如此一来，又为美航每年省下了7万美元。

有一回，柯南道尔为了省钱，开除了一条看门的狗。柯南道尔的说明是：

“没错，我们在加勒比海边有一栋货仓，开始我们雇用一个人整夜看守，后来决定要省掉这项支出。有人说：‘我们需要一个人来防止盗窃。’我就说：‘把他换成临时工，隔天守夜一次，也不会有人知道他在不在。’过了一年，我还想减少成本，便告诉他们：‘何不换成一条狗来巡守仓库？’我们就这么做了，而且有效。又过了一年，我还想把成本再往下降，下属说：‘我们已经降到只用一条狗了。’我就说：‘你们干吗不把狗叫的声音录下来播放？’我们如此做了，也行得通，没人知道那里是否真的有条狗在看守。”

希尔顿创建希尔顿旅店帝国时，曾指天发誓：“我要使每一寸土地都生长出黄金来。”

无疑他是天才，天才特有的目光使他从不忽略任何一次生财的机会，任何一寸他所下辖的土地都不会休闲静睡。

70年前，希尔顿以700万美元买下华尔道夫—阿斯托里亚大酒店的控制权之后，以极快的速度接手管理了这家纽约著名的宾馆。一切欣欣向荣，开始进入正常的最佳营运状态。在所有的经理们都已认为充分利用了一切生财手段、再无遗漏可寻时，希尔顿依旧像园丁一样，一言不发地查找着可能被疏忽闲置的菜地。

人们注意到，他的脚步时常在酒店前台有所停顿，他的眼光像鹰一样，注视着大厅中央巨大的通天圆柱。当他一次次在这些圆柱周围徘徊时，侍者们都意识到，又有什么旁人意想不到的高招儿闪现在他脑海里了。

希尔顿独自推敲过这些柱子的构造后发现，这四根空心圆柱在建筑结构上没有支撑天花板的力学价值。那么它们存在的意义是什么呢?！美观吗？但没有实用价值的装饰，无异于空间的一种浪费。

希尔顿最不能容忍的就是一箭只射一雕。

于是，他叫人把它们迅速改造成四个透明玻璃柱，并在其中设置了漂亮的系列玻璃展箱。这回，这四根圆柱就不仅仅是装饰性的了，在广告竞争激烈的时代，它们便从上到下充满了商业含义。没有几天，纽约那些精明的珠宝商和香水制造厂家便把它们全部包租下来，纷纷把自己的产品摆了进去。而希尔顿坐享其成，每年都由此净收20万美元租金。

当这些普普通通的柱子变成种金之地时，希尔顿又到别的地方徘徊去了。在别人看似面面俱到、滴水不漏的现状中，希尔顿依旧不知足地寻找着生长金子的每一条缝隙。

在微利化时代，“节约一分成本就等于挖掘一分利”。美国企业家彼得·德鲁克说过：“企业家就是做两件事，一是营销，二是削减成本，其他都可以不做。”成本是事关企业生存和发展永恒的话题，成本的高低往往直接决定了企业的生存与发展。因此，必须千方百计追求成本的最小化。

投资一定要避免“羊群效应”

“羊群效应”也称“从众心理”。在投资市场上人们经常用“羊群效应”来描述经济个体的从众跟风心理。羊群是一种很散乱的组织，平时在一起也是盲目地左冲右撞，但一旦有一只头羊动起来，其他的羊也会不假思索地一哄而上，全然不顾前面可能有狼或者不远处有更好的草。因此，“羊群效应”很容易导致盲从，而盲从往往会陷入骗局或遭到失败。

在竞争激烈的“兴旺”的行业，很容易产生“羊群效应”。当人们看到某人或者公司投资什么项目赚钱了，于是所有的人或公司都蜂拥而至，上马这个项目，直到行业供应大大增长，生产能力饱和，供求关系失调。大家都热衷于模仿领头羊的一举一动，有时难免缺乏长远的战略眼光，导致亏损失败。

前几年风靡一时的“掉渣饼”就是投资中的“羊群效应”的典型。当初掉渣饼迅速红遍全国的时候，不少加盟者以为这种手工作坊式的餐饮业可以打“持久战”，可以适应城市快节奏的生活步伐，都纷纷毫不犹豫地把“宝”押到掉渣饼上。其中，想靠掉渣饼生意挣一笔钱的小本生意投资者大有人在。他们原本以为这个人力、物力都不需要大大投资的小本生意可以帮助他们改变马路游击或惨淡经营的现状，但没想到，这种盲目跟风却造成了很大的亏损。

例如，在北京丰台车站附近有一家曾经一度生意非常“火暴”的掉渣饼铺子，可是没有红火多久买卖就变得非常冷清，前来买饼之人寥寥无几。与刚开业顾客排长队买饼时的景象相比，真是天壤之别。这个店铺的老板王先生说，之前他看到掉渣饼的生意非常好，别人开店都赚了钱，而且觉得掉渣饼生意成本低，技术很容易掌握，两个人就可以开业，最重要的是价格便宜、市场大，所以才开了掉渣饼店。一开始的时候生意确实很好，一天卖五六百张饼不成问题。但是没过多久，生意就一天不如一天了，最差的时候一天才卖十来张饼，连一天的房租都不够。最终只有惨淡收场。

由此可见，在投资的过程中，一定要避免“羊群效应”，不能盲目跟风。

其实，“羊群效应”在证券投资市场上表现得更为明显。市场低迷时，是进行投资的好时机，但是由于市场上所有投资者都显现出悲观情绪，媒体也是一片空头言论，大多数投资者因为羊群效应的心理，即使是最优质的股票被大幅低估，也不敢问津。市场高潮来临时，则正好相反。在股票选择上也存在羊群心理，对那些市场热烈追捧的热门股票，即使是投机性很强，价格已经很高，投资者依然不顾一切地买入；而被市场一时低估的真正优质股票，投资者因为是冷门而没有买入的信心。结果，在这种心理的影响下，大多数投资者亏了钱。

可以说，“从众心理”是造成人们投资损失最为重要的原因之一。要想在投资市场上赚钱，就必须摒弃这种心理，学会独立思考，坚持自己的判断。“走自己的路”是投资赚钱的重要秘诀。

制订可行的财富计划表

制订财富计划表是有钱人的重大财务活动，有钱人认为致富必须要有目标，没有目标就没有行动、没有动力，盲目行事往往成少败多。在设定财富计划表时，应该把需要和可能有机地统一起来，在此过程中，必须要考虑以下几点要素：

1. 性格特点

在一个经济社会中，你必须清楚知道自己的性格和心理素质，确认自己属于哪一类人。由于性格千差万别，每一个人面对风险的态度是不一样的，概括起来可以分为 3 种类型：一种为风险回避型，他们注重安全，避免冒险；一种是风险爱好型，他们热衷于追逐意外的收益，更喜欢冒险；另一种是风险中立型，在预期收益比较确定时，他们可以不计风险，但追求收益的同时又要保证安全。生活中，第一种人占了绝大多数，因为大多数人都害怕失败，只追求稳定。往往是那些勇于冒险的人走在了致富的前列。

如果你想开启致富的大门，那么就按自己能够承受风险的大小来选择适合自己的投资对象。

（1）稳重的人投资国债。这种人有坚定的目标，讨厌那种变化无常的生活，不愿冒风险，比较适合购买利息较高，但风险极小的国库券。

（2）百折不挠的人搞期货。这类人不满足于小钱小富，决心在金融大潮中抓住机遇，即使是失败了，也不灰心；放长线，闯大浪，不达目的不罢休。

（3）信心坚定的人选择定期储蓄。这种人在生活中有明确的目标，没有把握的事不干，对社会及朋友也守信，不到山穷水尽不改变自我。

（4）脚踏实地的人投资房地产。他们干劲十足，相信自己的未来必须靠自己艰苦奋斗。他们知道，房地产是长期的同时也是最赚钱的投资。

（5）井然有序的人投资保险。这种人生活严谨，有板有眼，不期望发财，但求满足眼前，一旦遇到意外，也有生活保证。

（6）审美能力强的人投资收藏。这类人对时髦的事物不感兴趣，反而对那些稀有而珍贵的东西爱不释手。

（7）最爱冒风险的人投资股票。这种人喜欢刺激，把冒风险看成是浪漫生活中的一个重要内容。他们一经决定，就义无反顾地参与炒股活动，甚至终生不渝。

与此同时，每个人都要具备独立思考的能力，这样，就能得心应手地独立投资。

2. 知识结构和职业类型

在了解自己的同时，一定要弄清楚自己的知识结构和职业类型，每个人都选择符合自己的创造财富的方式。

有的人在房地产市场里如鱼得水，但做股票却处处碰壁；有的人爱好集邮，上路很快，不长时间就小有成就，但对房地产却找不到窍门。如果受过良好的高等教育，知识层面比较高，又从事比较专业的工作，你大可抓住网络时代的机遇，在知识经济时代利用你的专才，运用网络工具进行理财。如果你是从事专门艺术的人才，你可充分发挥你的专长，在书画艺术投资领域一展身手，但这是一般外行人难以介入的领地。如果你是一名从事具体工作的普通职员，你完全可以从你熟悉的领域入手，寻找适合自身特点的投资工具。相信有一天，你也会成为某一方面的“理财高手”。如果你对股票比较精通，信息比较灵通，且有足够的时间去观察股票和外汇行情，不断地买进、卖出，你就可以将股票和外汇买卖作为投资重点，并可以考虑进行短线投资。如果你是一名职员，上班时间非常严格，又不喜欢天天盯在股市上，你就可以选择证券投资基金。投资基金汇集了众多投资者的资金，由专门的经理人进行投资，风险较小，收益较为稳定。

3. 资本选择的机会成本

在制订财富计划的过程中，还要注意一些通用的原则，以下便是绝大多数创富者遵循的通用原则：

（1）不要把鸡蛋放在同一个篮子里。一般而言，年轻人可能都想在高科技类股或是新兴市场上多下投资，而上了年纪的人则倾向于将钱投到蓝筹股，但理智的做法就是让你的投资组合多样化。

众所周知，传媒大亨默多克一直关注于文字传播，对于报刊、杂志情有独钟，但从 1980 年开始，默多克把注意力集中于图像而不是文字上，因为他已经敏锐地认识到过去的投资方向太过于单一了。1985 年，他买下了威廉·福克斯的 20 世纪福克斯电影公司，当时公司附属的福克斯电视台还是个名不见经传的小型独立电视台。可一年以后，默多克就将它改造成结构合理的电视网，变成了一座可开采的宝藏。不久，他又购买了即将破产的英国收费电视台——英国天宇电视台，然后用他的才能使之起死回生。他从内部的市场信息中得到结论，他认为，在全球的信息社会中，世界范围的卫星电视将来会获得丰厚的利润，必要时他会很快地把报纸卖掉。比如，1993 年，为了进军中国市场，默多克不顾资金紧张，囊中羞涩，果断地卖掉了《南华早报》，毅然买下了卫星电视网，同时发行了 5000 万新股。结果在股票上市 8 个月后，上涨的股市完全弥补了默多克的资金短缺。这件事具有深刻的象征意义，非常清楚地表明了默多克把经营重点从报纸转向电视和电子媒体的决心。

2001 年 6 月，为了适应香港政府关于有线电视特许权的新政策，他更是斥资把自己在香港有线电视有限公司的股份额从 48%提高到了 100%。他在随后发表的声明中说："我们很高兴能成为全部股份的所有者，这是一个重要的保证，它将保证我们在香港进一步大规模投资，要知道香港是我们经营的大本营之一。"

诚如其言，这 3 笔交易实际上构成了"默多克新闻帝国"的 3 大支柱。

（2）保持一定数量的股票。股票类资产必不可少，投资股票既有利于避免因低通胀导致的储蓄收益下降，又可抵御高通胀所导致的货币贬值、物价上涨的威胁，同时也能在市场不利时及时撤出股市，可谓是进可攻、退可守。

（3）反潮流的投资。别人卖出的时候你买进，等到别人都在买进的时候你卖出。大多成功的股民正是在股市低迷无人入市时建仓，在股市热热闹闹时卖出获利。

像收集热门的名家书画，投资大，有时花钱也很难买到，而且赝品多，不识别真假的人往往花了冤枉钱，而得不到回报。同时，收藏一些当代年轻艺术家的作品，也有可能将来成为一笔不菲的回报。又比如说收集邮票，邮票本来价格低廉，但它作为特定历史时期的产物，在票证上独树一帜，虽然关注的人不少，但潜在的增值空间是不可低估的。

（4）建立家庭财富档案。也许你对自己的财产状况一清二楚，但你的配偶及孩子们未必都清楚。你应当尽可能地使你的财富档案完备清楚。这样，即使你遇到突发意外的时候，家人也知道如何处置你的资产。

4. 收入水平和分配结构

选择财富的分配方式也是财富计划表中一个不可缺少的部分。分配方式的选择首先取决于财富总量。在一般情况下，收入可视为总财富的当期增量，因为财富相对于收入而言更稳定。在个人收入水平低下的情况下，主要依赖于工资薪金的消费者，其对货币的消费性交易需求极大，几乎无更多剩余的资金用来投资创造财富，其财富的分配重点则应该放在节俭上。

在这里，投资资金来源于个人的储蓄，对于追求收益效用最大化的创富者而言，延期消费而进行储蓄，进而投资创富的目的是为了得到更大的收益回报。因此，个人财富再分配可以表述为：在既定收入条件下对消费、储蓄、投资创富进行选择性、切割性分配，以便使得现在消费和未来消费实现的效用最大。如果为这段时期的消费所提取的准备金多，用于长期投资创富的部分就少；提取的消费准备金少，可用于长期投资的部分就多，进而你所得到的创富机会就会更多，实现财富梦想的可能性就会更大。

第十章　享受生活，善待金钱

人不能以赚钱为终极目标

每个人都知道，赚钱是为了让自己生活得更好。因此赚钱只是手段，而不是目的。但是很多人都忘记了这一点，把赚钱当成了人生的终极目标。这类人即使拥有了财富，也不能拥有幸福的生活，因为他们不懂得财富的真正意义。

真正富有的人，他们懂得更好地享受生活。而这种生活又区别于一般人的肤浅和炫耀。

石油大王洛克菲勒经历了传奇的一生。在获取了巨额财富的同时他也尽情享受生活，常有人看见他在宽广的草坪上打高尔夫球，看见这个九十几岁的老人同几个孙子玩。

19 世纪 90 年代以后，随着计划退休的年龄临近。1893 年，他终于选中了一块地方，用 168 万美元买了一幢楼房，又花钱买下了四周不少的土地，到了 19 世纪末，他庄园的面积扩大到了 1600 英亩。他精心经营着自己的庄园，在里面修建了假山、喷泉和花园。他还雇用了上百人整修草坪，每年的几十吨肥料使修建过的草坪呈现出一片自然的碧绿。

洛克菲勒喜欢打高尔夫球，当高尔夫刚刚在美国兴起的时候，他请外国专家在自己的庄园里修建了高尔夫球场，并请来名师教授自己。晚年的时候，洛克菲勒喜欢和家人们在一起，他的儿女们相继搬到了这个庄园里面。洛克菲勒每年在自己的庄园里为自己庆祝生日，他的儿女们在又严格又慈爱的环境中成长。

很多有钱人都像洛克菲勒一样，能在赚钱之余尽情地享受生活，享受美好的人生。享受人生并不等于挥霍金钱，他们花费金钱的方式中找不到任何炫耀的成分，可以说他们正确地使用金钱为自己创造出了更美好的生活。我们理想中的状态，就是拥有足够多的财富，而又能像洛克菲勒那样享受人生。

享受人生不等于豪华的居处、精美的食物、华丽的服装以及名贵的跑车，虽然这些可能成为每个人梦想的一部分，但是这些东西并不能温暖人生。一次繁忙之后的远足旅行，一份为爱人精心挑选的礼物，饥饿时一顿美味可口的午餐，都可能是我们人生中最为珍贵的财富。

财富和幸福的关系很微妙。财富的增长并不意味着幸福感的增强，也许在刚刚开始积累财富的阶段，财富的增加让我们倍感幸福和满足；但是随着自己的消费欲望也水涨船高，财富增长的速度落后于欲望的增长，这个时候，我们没有感到幸福，反而感到压抑和痛苦；而当财富足够多的时候，似乎财富只是一些数字而已，幸福可能来自于积累财富的过程而不是在享受财富的过程。

视工作为乐趣，享受工作过程

在工厂里工作或在田地里耕作的人，没有谁会比橄榄球或足球队员更辛苦，也没有谁在劈柴的时候花的力气比高尔夫球员挥杆击球耗费的力气大。真正的工作本身就是最大的乐趣，并且大多数的工作也都能转换成真正的乐趣。

真正勤快的人是不会感到不开心的，因为“辛勤劳动可以让人身体健康、头脑清晰、心灵充实、钱包鼓鼓”。劳顿的肌肉能让人睡个好觉，不管你是因为打橄榄球、打高尔夫球还是挥动锄头斧子而感到劳累。不会工作的人就不会享受娱乐，因此他的生活就没有乐趣。

一个人想要得到快乐或者获得完全的独立，首要的事情就是要找到自己的人生事业。如果一件事你能做得比别人都好，那么你就是个有能力的人；如果轻易地做得比别人好并感到很快乐，你就拥有了自己的事业。一位伟大的人物说过："能够找到自己事业的人真是受上天的眷顾。"

我们好多人都以为自己不能在社会上获得一席之地，因此就没有为社会尽自己当尽的一份力。但事实上，工作给我们的回报是健康的身体、愉快的心情、舒适的生活以及老有所依的晚年。

英国哲学家克雷尔曾经说过："在工作本身找到乐趣的人有福了，因为他不必再求其他的福祉了。"

IBM公司的人力资源部负责人李然说过："对于每个人都向往的成功，我觉得获得成功的资本最重要的是热情，只有热爱生活、热爱工作才能真正去享受生活、享受工作的乐趣。在自己喜欢的公司，做自己喜欢的工作，成功只是时间问题。我热爱我的工作，我理解的工作可以分为：工作、职业和事业三个阶段。工作对于个人来说是物质和精神两方面的满足。在工作中实现自我价值，帮助别人实现梦想，这种享受工作乐趣、享受生活乐趣的满足感是工作最大的收获。"

奥美广告公司的创意总监林跃华说过："我在广告业做了将近15年，我觉得让我没有动摇的原因是我喜欢这个工作。我能从工作中得到满足感。所以我希望新人们是真的喜欢这个工作才来这个圈子的。而且在我们公司，只看工作结果，所以只要新人做得好，自然就会加薪升职。"

万科房产开发公司销售经理张悦然说过："人要能做自己愿意做的事情，自然会加倍努力。我就是这样一个人，我喜欢忙碌的工作，我喜欢每一天都充实地度过，对我来说，工作是快乐的，苦一点、累一点也是一种享受。有时候，生活中的这种享受、这种感觉一旦错过就不会再有。"

能够从事自己喜欢的工作，本身就是一种享受。永远都要相信一个真理：当你对世界微笑的时候，世界就对你微笑！热爱你的工作，从平凡的工作中感受到它的不平凡之处，那样就会感受到工作后的快乐。这可以理解为两层意思：一种是本身就喜欢的工作，你每天在做就会感到工作是快乐的，其次，一件你认为不是你能办到的或可能办不好的事情，通过努力，你完成了，那时候你一定会感受到工作的快乐。

工作着是美丽的，工作着是快乐的。从事一项工作，不如喜欢并享受这项工作。喜欢工作、享受工作与痛苦工作、被迫工作，其道理相当于自愿锻炼身体与被动劳作的差异效果。用付出的体力来衡量，两者可能差不多，但是心情愉悦程度却大相径庭。因为其前提一个是“自愿”，一个是“被动”，自然也就产生两种心情，一为享受，一为付出。

平时常听到一些人因工作繁忙而叫苦不迭，只有“忙”才会让你有成就感，所以应该忙得开心！不要害怕繁忙的工作，就像我们没必要害怕成长一样，要相信付出就一定有收获。

输得起才能赢得到

任何一次行动都会有失败的可能，任何一次投资都有不可预测的风险。市场变幻莫测、竞争激烈，因此，要求成功者有良好的心理素质，有较强的承受能力。要赢得起，也要输得起。

只有那些经历风险，最后坚强地走向未来的人，才是真正的成功者。如果缺少面对风险的坚韧，就不会成就伟大的事业。只有那些能够承受失败并且战胜失败的人，才能最终成就自己的事业。

英国劳埃德保险公司曾从拍卖市场买下一艘船，这艘船1894年下水，在大西洋上曾138次遭遇冰山，116次触礁，13次起火，207次被风暴扭断桅杆，然而它从没有沉没过。劳埃德保险公司基于它不可思议的经历，及在保费方面带来的可观收益，最后决定把它从荷兰买回来捐给国家。现在这艘船就停泊在英国萨伦港的国家船舶博物馆里。

不过，使这艘船名扬天下的却是一名来此观光的律师。当时，他刚打输了一场官司，委托人也于不久前自杀了。尽管这不是他的第一次失败辩护，也不是他遇到的第一例自杀事件，然而，每当遇到这样的事情，他总有一种负罪感，他不知该怎样安慰这些在生意场上遭受了不幸的人。

当他在萨伦船舶博物馆看到这艘船时，忽然有一种想法，为什么不让他的委托人也来参观参观这艘船呢？于是，他就把这艘船的历史抄下来，和这艘船的照片一起挂在他的律师事务所里，每当商界的委托人请他辩护，无论输赢，他都建议他们去看看这艘船。

如同在大海上航行的船没有不带伤的，创业者也可能屡遭挫折，却能够坚强地、百折不挠地挺住，这就是他们成功的秘密。要建立自己的事业，就必须能够承受失败带来的伤痛，才能有战胜失败的勇气和决心。这样的人也可以肩负更多的职责和任务，他们的人生必定是丰富而充实的。

人要学会走路，也得学会摔跤，而且只有经过摔跤，才能学会走路。用笑脸来迎接失败，用百倍的勇气来应付一切不幸，要赢得起也要输得起。那些成功的人不一定多有才华,但是他们都有一个共同点：那就是能够承受失败。

经历是最有力的生命体验

生命对于每个人来说结局只有一个：轻轻地来，轻轻地走，不能带走任何东西。对于自身来说，那些勇于追求财富的人总是比那些安于现状的人更富有强大的生命张力。因为不断追求，意味着不断向着新的生命体验发出冲击。那些勇于追求财富的人更容易成功，虽然结果并不一定如愿，但是他们却有着别人无法比拟的财富——经历。

一只狐狸发现了一座葡萄园，这葡萄园四处都围着篱笆，只有一个极小的洞口。这只狐狸试图进去，可身子太大，怎么进去呢？

狐狸在这篱笆外游荡了三天，它三天没有吃东西，变得瘦骨嶙峋了，然后从洞里钻了进去。一进入葡萄园，狐狸便大吃起来，这样多的葡萄使它变得肥硕起来。吃饱后，它没有办法钻出这个洞去。它又用进来的方法把自己饿了三天，直到变成原来那瘦骨嶙峋的样子才钻了出去。

这只狐狸走的时候，它回头对这座葡萄园说："葡萄园啊，葡萄园啊，你这么的美，你的果子是这样的好吃，你的一切都值得赞美，可是你给了我什么呢？谁进去了，都得离开。"

猴子听到了狐狸抱怨的话语，笑着说："狐狸先生，你应该为自己感觉到骄傲才对。你是这个森林中第一个吃过葡萄的动物。"狐狸觉得很有道理，虽然自己现在还是瘦骨嶙峋的样子，但是至少自己已经品尝过美味的葡萄了。

对于很多事情，也许结果并不是那么令人满意，但是在追求结果的过程中，每一次都会给我们带来不同的体验。那些勇于追求财富，并不断为之付出努力的人，即使他们可能会经常投资失败，但是他们拥有了丰富的人生体验。

一个有钱人在墨西哥度假的时候遇见一个渔夫。让有钱人奇怪的是，渔夫每天只打一篓鱼就不再打了，而是停下来，点上一袋烟，躺在渔船上，跷起二郎腿，悠闲地吸着。

有钱人终于忍不住问渔夫："为什么不多打点鱼回去？"

渔夫问："多打做什么用？"

有钱人答："你可以拿到镇上去卖啊。"

渔夫问："然后呢？"

有钱人答："你可以用卖得的钱，买另一条船，雇用一些人帮你打鱼，然后不断地扩大你的渔船队伍，赚了钱之后可以去纽约作投资，成为世界上最富有的人。"

渔夫问：“成为最富有的人又能怎样？”

“当你有了钱，就可以像我一样买个度假村，然后钓钓鱼，散散心，和家人一起玩玩，喝喝小酒啊。”

渔夫傻笑着说：“我现在过的就是这样的日子，上午打点鱼，中午和朋友喝喝小酒，傍晚跟孩子一起玩耍……”

有钱人笑了，虽然表面上他和渔夫的生活差不多，但是当他回顾自己艰辛奋斗的人生经历，失败的痛苦和成功的喜悦，眼前的这位渔夫又如何能理解？

追求财富不单是为了享受生活，更是自我实现的过程。而这个过程会让我们的人生更加精彩。除了工作、经商、挣钱外，我们应该勇敢地创建自己的事业，把大量的时间和精力放在自己的事业上，这会使得我们的人生更加充实和美好。

追求财富的道路上不会一帆风顺，但是只有那些勇于尝试的人才能掌握自己的命运和未来。安于现状只会任由命运的摆布，不要被动地等待着自己的生活会出现什么美好的改变，如果不愿意尝试，只会远离一切美好。

过着心存感激的生活

想一想，是什么赋予你积极向上、源源不断的能量与活力，从而使你心怀感激？当感受到生命中得到的美妙祝福与馈赠，你的心中便有了爱，你会很快感到心灵的释然，内心感到朦胧的温暖。在感受到温暖和爱意的时刻，你的心向创造力敞开了大门。

感恩，让我们以知足的心去体察和珍惜身边的人、事、物；让我们在平淡麻木的日子里，发现生活的丰厚和富有；让我们领悟和品味命运的馈赠与生命的激情。但是感恩作为基本的社会道德，很多时候并不被人们重视。我们更多地强调要无私地奉献，却漠视了别人给予的帮助和关心，特别是对于自己身边那些默默帮助我们的人。

从前，有一棵苹果树，一个小男孩天天跑来找她玩耍。小男孩收集她的叶子，编成皇冠戴在自己头上，好像森林的王子一般。秋天的时候，小男孩爬上她的树干，吃她的苹果，困了就在她的树荫下乘凉，还和她捉迷藏。

日子就这样一天一天地过去了。

有一天男孩来到树下："我要买东西来玩，我要钱，你能给我钱吗？"

"真抱歉，"树说，"我没有钱，我只有树叶和苹果，拿我的苹果去卖，那样你可以得到钱。"男孩爬到树上把苹果都摘了下来，带走了。

男孩很久再没有回来，树很伤心。有一天，男孩回来对树说："我想有间房子，你可以给我房子吗？"树说："我没有房子，森林就是我的房子，不过你可以砍下我的树枝去搭建房子。"于是男孩砍下她的树枝带走去建房子。

又过了很久，男孩变成了老人，他回来对树说："我又老又伤心，我想要只船离开这里，你可以给我一只船吗？"树高兴地回答："砍下我的树干去造条船吧，那样你就可以远航了。"于是老人砍下她的树干造了条船走了。

过了好久好久，老人回来了，对树说："我好累，我现在只要一个安静的可以坐的地方。"

"好啊。"树一边说一边努力挺直身子，"正好，老树根是最适合坐下来休息的，坐吧，孩子，坐下来想一想以前的快乐。"

老人想起了过去的点点滴滴，仿佛就发生在昨天，忽然他抱着树根大哭了起来。

这个故事告诉我们：不要像个被惯坏的孩子，只知道索取，而不知道感恩。我们大部分的时间都在办公室里度过，工作是生活中最重要的组成部分。可谁曾想过要对工作感恩，想过要对老板、同事、客户甚至竞争对手感恩？如果有，很好，坚持这一良好的习惯，它会给你带来更美好的生活；如果没有，那就要从现在开始，转变自己的思维，去感谢工作，它可以改变你的生活。当我们每天都带着感恩的心工作，就会不再抱怨，不再自大，不再自卑，不再盲从，能够挺起胸膛做人，直起腰板做事。

感恩是一种善于发现美丽和欣赏美丽的智慧。工作中虽然有太多的不如意，如果我们怀着一颗感恩的心，去发现其中的美好，感受平凡中的美丽，那么原本平凡的工作就会焕发出迷人的光彩。当我们怀着感恩的心开始一天的工作，工作将不再乏味枯燥，而成为令人激动的创造和奉献。

每个人都应该学会带着感恩的心生活和工作，没有人有责任和义务要为你付出，自己的父母和自己的爱人也不例外。当别人帮助你的时候，就更有责任去感恩，只有学会感恩，才能更好地工作、生活。

在创造财富的过程中感受幸福

财富的积累是社会发展的需要，对于个人而言，创造财富也是个人生存的需要。人一旦有了财富的支撑，就有了感受幸福的可能，但是，并不是所有创造财富的过程都是幸福的。比如，现在两个同时拥有一百万资产的人。其中一个人的资产是通过正当经营，艰苦努力赚来的。那么，他在逐步积累这笔资金的时候也许就是一种享受幸福的过程。相反，如果另外一个人的资金由于经营不当从最初的几百万缩到几万元，或者，他创造财富的过程是一种不正当的经营，即使是有了一定的资金也不会安心地享受过程带给他的幸福。可见创造财富的过程并不一定会有幸福的感觉。

当然，不同的人对创造财富的过程也会有不同的理解。以炒股来说，两个人在股市中用同样的资金、同样的价格买入同一只股票，如果遇到股价变化，就会看到不同的反应。其中的一个人可能感觉越涨越高，风险越来越大，而变得紧张不安，心惊胆战；而另一个人则会从容地享受股价上涨带给自己的乐趣。所以，不同的心态导致人们对幸福的感觉也就不同。

耶鲁大学著名的政治心理学家罗伯特·兰恩出版的《在市场民主中幸福的丧失》，主旨是帮助人们确立对幸福的主宰意识。兰恩列举出一系列问题："你是不是觉得你享受的东西和服务越多就越幸福？""你是否羡慕那些拥有更好的汽车的人？""挣钱是不是你重要的生活目标？"……他对那些给了这些问题肯定答案的人做了这样的评价："他们一般都不那么幸福。"对于他们而言，物质的指标越高，幸福的指标就越低。原因很简单，他们在生活中，总是寻求"外在的奖赏"。而这种奖赏，总是被别人而不是他们自己所控制。结果，他们越是追求这种目标，就越会被别人控制。一度能满足人们物质需求的金钱，不再能为他们买来幸福。

那么，我们应该到哪里寻求幸福呢？兰恩指出了两个去处："一是你生活中的伴侣，二是你工作的意义。"

许多经济学家总倾向于把工作看做是一种牺牲，而把薪水和假日看作是对这种牺牲的报酬，这在兰恩看来简直是荒谬的。当你可以从事你喜欢的事时，你会从中得到内在的报酬。这种工作一般有两个最基本的因素：一是不太用上司监管，二是不干重复性的工作。亚当·斯密也认为，有闲暇的生活方式是最理想的。闲暇意味着自由，意味着你可以做你想做的事。这和兰恩所追求的"有内在报偿"的生活方式，可谓殊途同归。只可惜这样的观点，在市场经济主导的当今社会，已越来越不为人们所接受，而这也是现代人不幸福的原因。现代人常常不得已去工作，牺牲自己去干自己不喜欢的事。这对于他们而言不是一件幸福的事。

在创造财富的过程中，那些心态较好，不会太在意金钱而又能在工作中发挥所长的人往往会是幸福的。

精神富了才会幸福

有人曾问亿万富翁、现吉利公司总裁李书福是否感到幸福。李书福说："幸福与不幸福，不能用钱来衡量。我告诉你，有钱并不一定幸福，你今天发愁怕被人家偷了，明天又担心这个钱来路是不是有问题，后天又考虑这个钱怎么花。你整天发愁，你一点儿都不会幸福！我感到幸福，不是因为有钱，而是因为我的理想正在一点一点变为现实。”

作为现在具有“中国汽车十强”、“中国驰名商标”、“中国自主品牌轿车”等荣耀的吉利汽车的总裁，李书福说：“我天天坐吉利汽车，我觉得很幸福、很踏实！”吉利远景正式下线后，李书福还让人把他原来用来接待来访客人的奔驰和普拉多等全部卖掉，换上了远景。他说：“作为汽车公司，你能坐上自己生产的车，用自己生产的车接待客人，这种自豪感、成就感是很难用语言形容的。”他的这种自豪感和成就感强烈地感染了部下，吉利员工百分之九十九开的都是吉利轿车。

当吉利资助的贫困学子们怀着感恩的心坐在大学课堂上时，李书福尤其感到欣慰。他说：“办教育虽然没有利润，资助贫困大学生更是只有付出，但我觉得很值得，很欣慰，通过办学和助学，我感到我跟这个世界联系得很紧密！”

从这位总裁身上可以看出，一个人是否幸福并非是用金钱的多寡来衡量的。当内心的满足感使心灵享受到平静时，才能体会到何为幸福。

是的，金钱在一定范围内能够带动幸福感的产生，但绝对达不到“控股”的程度。金钱不能与幸福直接对应，幸福还有许多其他决定因素。

某大型集团公司的总经理张悦说过，他小时候穷得连鞋都没有，大雪天去学校，怕把唯一的一双布鞋弄湿了，竟然光着脚，往返走了很远的路，回到家一看，脚冻得几乎僵硬。幸运的是他在亲人和朋友的帮助下完成了学业。如今的他过上了白领生活，但他说还是小时候幸福。他说：“因为贫穷，以前总是希望有一天能过上有钱的生活，但现在发现，有了钱未必就幸福。小时候虽然穷，但一家人在一起其乐融融、相互关心，那才是真幸福。”

对于人生来说，最终目的只有一个，就是获得幸福。这种幸福是精神层面的感受。有钱买不来幸福，物质财富只是幸福的必要条件，不是充分条件。一个家庭破裂、妻离子散的人即使有钱也是不幸福的。一个没有自己的事业，靠继承大笔遗产过着醉生梦死生活的人，充其量只是行尸走肉，谁也不会将幸福与他联系在一起。鼓盆而歌的庄子是幸福的，因为他懂得人贵适志；不为五斗米折腰的陶渊明是幸福的，因为他“坦万虑以存诚，憩遥情于八遐”；“纵一苇之所如，凌万顷之茫然”的苏东坡是幸福的，因为在他眼里，“唯江上之清风，与山间之明月，耳得之为声，目遇之而成色，取之不尽，用之不竭，是造物者之无尽藏也，而吾与子之所共适”。在一般人看来，这些圣贤的一生都算不上是幸福的。因为他们不是不够显达，就是默默无闻；不是屡经坎坷，就是身罹恶疾。然而，他们却享有一般人难得的幸福，更享有一般人难得的辉煌。

懂得分钱的人更容易获得金钱

金钱是柄双刃剑，它既能使你富足天下，也可以使你举步维艰。你对它吝啬，它对你也吝啬；你对它慷慨，它对你也慷慨。对于金钱，既要重视，也要轻视。只有舍得施与的人，才更容易获得。如果一个人拥有了巨额财富却不知道用心行善，那他还不如一介草民，他的财富也将会因为他的贪婪而被葬送。

世界首富比尔·盖茨是个赚钱能人，但他视金钱为货币符号，不停地向公益事业捐款。像这样的赚钱能人才算是真正的富豪，因为他不仅拥有富可敌国的财产，还赢得了无数人的尊敬和爱戴。

对待金钱的正确态度是：从自己的收入中提取适当比例去救济那些需要帮助的人。为什么这么说呢？第一，取之于社会，也应用之于社会；第二，这样做每个人都深具意义。

不管你能赚多少钱，都不比助人时得到的那种快乐多；不管你能取得多少投资收益，也都不比提取适当比例的收入助人时得到的那些报偿多。当你这么做以后，你对金钱会有更深刻的认识，知道金钱能买到许多东西，但也有许多东西是金钱买不到的。

金钱跟其他东西基本上没有两样，既然取之于社会，就得用之于社会。你对他人伸出援助之手，他人也肯定会对你心生感激，从而为你带来更多、更大的财富。所以，对于金钱，你可以用它，但千万不要为它所用，也不要让金钱在你的心里占据独尊的地位，只知获取，不知付出。

不管你能赚多少钱，也不管你能施与别人多少恩惠，只要你有这么一片善心，自然而然就会收获一分回报。

这样的例子有很多。

历史上的晋商曾经辉煌一时，在中国农业社会中最贫瘠的黄土高原上，集中了中国50%以上的金融资产，使黄土高原的富裕程度胜过江、浙。他们开办商号、钱庄，使商业交易变得更为方便和安全。其核心竞争力，除了诚信和恰当的商业模式外，还有一个重要的原因是设立了“财股与身股结合、身股为大”的商业“分钱”制度。经理人持有身股，可以获得60%～70%的分红，相当于是给自己干；老板持有财股，虽然分红拿小头，但却可以继承、可以决定总经理的去留，以保证基业延续。一个公司里一定要有人注意短期利益，有人注意长期利益。这样虽然会出现矛盾，但也因此而相互制约。正是一套合理的商业“分钱”制度，成就了晋商两百年基业。

阿里巴巴公司迅速发展，除了业务模式外，关键是分钱的模式。阿里巴巴的老板马云对阿里巴巴B2B业务的持股少于5%，平均每名员工持有9.05万股，阿里巴巴B2B上市造就了堪称中国最大的富翁群。财聚人散、财散人聚，蒙牛集团的创始人牛根生当初也正是用这一理念让其领导的蒙牛公司迅速扩张。

事实上，多分给别人会得到更多，亚洲首富李嘉诚身深谙其道。有一次，记者采访李嘉诚的儿子李泽楷先生（盈科公司总裁）时问道："请问李先生，李家成功的秘诀是什么？"李泽楷先生说："我们没有什么秘诀，如果要说的话，那就是当我与别人合作时，我能拿七分——即使拿八分也不过分，那我只拿六分。"这些话明白无误地告诉我们，分钱并不会减少你的财富，要想赚大钱，必先懂得分钱。

有舍才有得

人生在世，利益不但驱使着我们的身体，也左右着我们的心灵。面对利益，不同的人有不同的处理方式，就看你对利益抱持什么样的心态。但不管怎样，你给别人一枚金币，别人绝不会只给你一枚铜板。

俗语说："舍得，舍得，有舍才有得。"

一天，上帝对传教士说："来，我带你去看看地狱和天堂。"他们进入了一个房间，许多人正在围着一个煮食的大锅坐着，每个人手里都有一把汤匙，因为汤匙的柄太长，所以食物根本无法送到自己嘴里，他们只好以饥饿而失望的眼神呆呆地盯着大锅。

接着，上帝又带传教士进入另外一个房间。这个房间跟上个房间的情景一模一样，也有一大群人围着一个正在煮食的锅坐着，每个人手里拿着的也是一把跟刚才那些人一样长的汤匙，所不同的是这里的人有吃有喝，有说有笑。

传教士看到这种情况，于是便奇怪地问上帝："为什么同样的情景，会有如此大的差距呢？"

上帝微笑着说："难道你没有看到，这个房间里的人知道用长柄汤匙喂对方吗？"

人活在世上要学会分享和给予。在地狱看到的那群吝啬鬼，他们宁愿自已饿死，也不愿去喂对方，正像诗人白朗宁所说，“把爱拿走，地球就变成了一座坟墓”。而在天堂里，看到的是共同分享，正像大作家托尔斯泰所说，“两个人分担一份痛苦，只有一份痛苦；而两个人共享一份幸福，则有两份幸福”。同样，在分配利益时，也要照顾好别人的利益，要让利益给每个人都带来幸福和快乐。

学会帮助别人

一个真正高尚的人，不会为失去金钱而生气，只会为不能减轻别人的痛苦而惋惜。

阿根廷著名的高尔夫球手罗伯特·德·温森多有一次赢得了一场锦标赛，领到支票后，他微笑着从记者的重围中走出来，到停车场准备开车回家。

这时候，一个年轻的女子向他走来，她向温森多表示祝贺后又说她可怜的孩子病得很重，也许会死掉，而她却支付不起为孩子治病的昂贵的医药费和住院费。

温森多被她的讲述深深打动了。他二话没说，掏出笔在刚赢得的支票上飞快地签了名，然后塞给那个女子。

“这是这次比赛的奖金，祝你的孩子好运。”他说道。

一个星期后，温森多正在一家乡村俱乐部进午餐。一位职业高尔夫球联合会的官员走过来，问他一周前是不是遇到过一个自称孩子病得很重的年轻女子。

“停车场的孩子们告诉我的。”官员说。

温森多点了点头。

“哦，对你来说这是个坏消息。”官员说道，“那个女人是个骗子，她根本就没有什么病得很重的孩子。她甚至还没有结婚！温森多，我的朋友，你让人给骗了！”

“你是说根本就没有一个小孩子病得快死了？”

“是这样的，根本就没有。”官员答道。

“这是我本周听到的最好的消息。”温森多长吁了一口气。

洛克菲勒一生中至少赚了10亿美元，但他深知过多的财富会给子孙带来麻烦，所以他一生中捐出的款项竟高达7.5亿美元之多。

然而，他从不随便捐钱，他在捐钱之前一定要搞清楚款项的具体用途。

一天，在洛克菲勒下班的途中，一个陌生的过路人拦住他，向他诉说自己的不幸，然后恭维他说：“洛克菲勒先生，我从20里外步行来此找您，路上碰到的每一个人都说你是纽约最慷慨的大人物。”

洛克菲勒知道拦路人是在向他讨钱，可他非常不喜欢这种方式，但又不愿意使对方太难堪。怎么办呢？洛克菲勒想了一下，便对这个人说：“请问，过一会儿你是否还要按原路返回？”

过路人立即回答：“是的。”

洛克菲勒巧妙地对他说：“那再好不过了，请您帮我一个忙，告诉你刚刚碰到的每一个人，他们听到的都是谣传。”

洛克菲勒用他的机智给这个懒惰的人上了生动的一课。

你拥有了钱财，用来帮助别人是没有错，但是，帮人应当帮到“点子”上。否则，就有可能助长某些无耻之人的懒惰甚至欺骗。因此，你应当学会帮助别人，而不是滥用你的金钱和善心。

享受金钱，享受快乐

从某种意义上讲，学会生活比学会赚钱更重要。

20世纪20年代初，一群名噪一时的美国大亨汇集芝加哥。他们中间有：美国最大的钢铁公司总经理；美国最大的公用事业公司总经理；美国最大的小麦投机商；美国纽约股票交易所总裁；美国最大的空头生意投机商；一名总统内阁成员。

他们手中掌握的财富总数超过了美国国库总额。

但25年后，他们又怎么样了呢？

钢铁公司总经理死于公司倒闭，死前5年靠借钱度日；公用事业公司总经理亡命他乡；小麦投机商因破产死于国外；股票交易所总裁被关在监狱里；空头投机商死于自杀；内阁成员服刑期间获特赦，死于家中。

这些人学会了赚钱，却没学会怎样生活。这些一度叱咤风云的人物的可悲之处在于他们把赚钱当成生活的唯一目标。

一位台湾富豪去世后留下了近百亿台币的遗产。据统计，仅他所缴纳的遗产税就达19亿台币之巨——这也是中国台湾省有史以来征收的最高数额的遗产税。

但是，这位台湾富豪生前却极其节俭，不仅舍不得买房子，上班挤公共汽车，而且据他姐姐说，他连内衣内裤穿破了都舍不得买新的。

这位台湾富豪生前从未娶妻生子，一生过得悄无声息，对自己的生活总是斤斤计较，平时开支更是刻薄得很，几乎没什么人知道他是一位亿万富翁。他的死给后人带来了极大的麻烦，他的同胞兄弟为争夺遗产而闹得反目成仇、矛盾重重。

选择任何一种生活方式，只要无损于别人，都是他的自由。但不管怎么说，有了金钱却享受不到金钱带给自己的快乐，总是一种遗憾。

既会花钱又会赚钱的人，才是最幸福的人，因为他们享受到了金钱带来的快乐。

有钱别忘了尽孝

“股票超人”约瑟夫·贺希哈是纽约市成功商人的代表，他经历了从地狱到天堂的沧桑人生，留下了一串从街头乞丐到亿万富翁的奋斗足迹。

约瑟夫·贺希哈早年曾一次赚到过16.8万美元，他首先想到的不是把这笔对于他来说来之不易的钱全部投资于他所迷恋的股票，而是拿出了绝大部分钱为相依为命的母亲购置了一套房子，让母亲早日走出了低矮潮湿的贫民窟。

约瑟夫·贺希哈从未忘记过与自己长期以来患难与共的合作伙伴。他让合作伙伴朱宾全权负责挖掘铀矿，事先就给了朱宾十分之一的股票优先权，使朱宾在用自己的智慧开掘出铀矿的那一刻便成了百万富翁。约瑟夫·贺希哈不仅对合作伙伴是这样，他对公司的下属员工也十分关心，甚至对一个开电梯的孩子也是如此。这个可怜的孩子有一个多病的母亲，微薄的薪水难以支撑母亲的医药费，约瑟夫·贺希哈便长期地承担起对这个家庭进行接济的责任。

在约瑟夫·贺希哈从街头乞丐到亿万富翁的一生中，他永远对被别人骂作“穷鬼”的乞丐们的生活有着刻骨铭心的记忆。在他成为亿万富翁以后，他并不认为自己已经斩断了与贫穷的联系。他一直把捐助像他童年时一样贫穷的人作为自己义不容辞的责任。他向学校捐款，为的是使贫穷人家的孩子能得到更多的教育以发掘他们的天赋；他向盲人医院、孤儿院捐款，为的是使残疾人和无依无靠的孤儿得到救助。由于自己对艺术的浓厚兴趣，他特别喜欢资助贫穷而又富有艺术才华的学生们，使他们能够全身心地投入到艺术创作之中，并通过他们去实现自己少年时没有实现的大学之梦。他经常驾驶一辆黑色的超豪华林肯牌轿车，不断地驶入哥伦比亚大学、曼哈顿大学、加州图书馆、孤儿院、盲人医院和教会等处，不辞辛劳地把一笔笔捐款送给那些需要帮助的人们。

这就是充满传奇色彩的约瑟夫·贺希哈，他通过在充满风险的股市中的不断搏杀改变了自己的命运，通过普渡众生的慈善事业彰显着自己的人生价值。

在腰缠万贯的富商巨贾中，寡廉鲜耻、尔虞我诈者有之，为富不仁、恃强凌弱者有之，但是从街头乞丐变成亿万富翁的约瑟夫·贺希哈却保留了幼年时养成的善良天性。这种天性不仅表现在他对母亲的拳拳赤子之心以及他与合作伙伴的深情厚谊上，更表现在他对整个人类命运的关注上。

中国人有句话叫“百善孝为先”，当你有了钱时，一定别忘了孝敬你的父母。当然，这么说，并不意味着你要等到有钱时才去孝敬你的父母，而是说，等你有了钱时应当比今天更加孝敬你的父母，切记不能有钱忘了父母恩。你要知道，从小到大，我们的每一步都拉扯着父母的心，都牵动着父母的情。年轻时，我们只知道一味地、理所当然地向父母索取。他们再苦再累也总是毫无怨言地尽量满足我们的一切要求，哪怕是那些在今天看来极其无理的要求。可悲的是，等我们真正能够意识到、体会到父母的艰辛不易时，岁月的风霜已经染白了他们的双鬓，深深的皱纹也已爬满了他们的额头，或许某一天，他们就会永远离我们而去。那时真的已是“子欲养而亲不待”了。

所以，从现在起，就开始孝敬我们的父母吧，无论你有没有钱。

该收手时就收手

一个非常有建树的商人，看着他的孩子在院子里捕雀。

捕雀的工具很简单，是一张不太大的圆网，边沿是用铁丝圈成的，用木棍支起一端。木棍上系着一根长长的绳子，孩子在立起的圆网底下撒完米粒后就牵着绳子躲进屋内。

不一会儿，就飞来不少雀儿，孩子数了数，竟然有13只之多。它们大概是饿的时间比较长了，很快就有8只雀儿走进了圆网底下。父亲示意孩子可以拉绳子了，但孩子没有，他悄悄告诉父亲，他要等另外5只进去再拉。

过了一会儿，那5只雀儿非但没进去，反而有4只雀儿从圆网中走出来。父亲再次示意孩子快拉，但孩子却说，别忙，再有1只走进去就拉绳子。

可是接着又有3只雀儿走了出来。父亲对他说，如果现在拉绳子还能抓住1只雀儿。但孩子好像对失去的好运不甘心，他说，总该有些雀儿要回去吧，再等等看。

终于，连最后一只雀儿也吃饱走出去了。孩子伤心极了。

父亲抚摸着孩子的头，慈爱地教训道：“欲望无穷无尽，而机会却稍纵即逝，很多时候，贪婪不但不能满足我们的欲望，反而会让我们把原先拥有的东西也失去。”

在实施计划以及向既定目标推进的过程中，我们必须时刻注意内外部环境的变化。当既定目标无法达成时，应及时调整目标，因为固执地坚守已经不符合实际的目标，没有任何意义，果断地适当降低目标才是最好的选择。

1925年，松下幸之助到东京办事处巡视，办公桌上面摆着真空管。那时候真空管装置在收音机里，非常受人欢迎。办事处主任对他说：“这是最近东京最畅销的商品，大阪方面是不是要卖卖看？”松下幸之助听了以后觉得很有意思，希望能够尽早在大阪发售，因此当场就指令办事处主任与真空管制造厂取得联系。结果发现那家工厂不仅规模很小，而且资金也不雄厚，生产根本赶不上订货。

回到大阪，松下幸之助立即就与经销商联系，由于来货很少．大家都急着赶快订货。这种情况一直持续了6个月，松下电器也因此多了一笔为数不小的收入。

很快，制造真空管的厂家如雨后春笋般慢慢多了起来，价格自然也逐渐便宜。看到这种情况，松下幸之助认为，尽管目前贩卖真空管还有利可图，而且销路也还可以，但情况已经有所变化，和前一阵子已经大不相同了，松下电器可能取得的利润将会很有限。于是，他决定收手不干了。

过了几个月之后，收音机配件的售价急转直下，很多工厂和经销店一度陷入困境。松下电器因为收手得早，因此并没有受到任何损失。

人的贪欲就像一个无底洞，好了还想更好，多了还想再多，永远没有尽头。凡事适可而止的人，绝不会把到手的财富重新扔进贪欲的无底洞中去。